まだ見ぬ地球外生命

分子生物学者がいざなう可能性の世界

山岸明彦
Akihiko Yamagishi

dZERO

まえがき

私は長年、分子生物学という領域で研究を続けてきました。なかでも、とくに力を注いできたのが「極限環境生物学」です。極限環境生物学では、高温や低温、酸性やアルカリ性の環境に棲《す》む生物を研究します。温泉や海底熱水噴出孔《ねっすいふんしゅつこう》に棲む超好熱菌《こうねつきん》を研究すると、今から四〇億年前に生息していた祖先生物がどのような生き物だったのかを知ることができます。

それに加えて、若いころから現在に至るまで、強く引かれ続けている研究分野があります。「アストロバイオロジー」(宇宙生命科学) すなわち「生命の起源、進化、伝播《でんぱ》および未来」を研究する分野です。アストロバイオロジーでは、生命が地球上でどのように誕生してどのように進化したのか、地球以外で生命が存在する惑星はないのか、地球以外で生命が存在するとしたらどのような生物なのか、生命は今後どのように進化していくのか、こうしたことを研究します。

本書は、私の研究者としての興味や知識の蓄積と、趣味のサイエンスフィクション（SF）の世界を合わせた内容になっています。

この本ではSFで描かれた未来がどの程度実現可能で、どの程度難しいのか、地球外に生命が誕生している可能性はあるのか、現在の科学的知識を基礎にして紹介します。想定する読者は、SFファンと宇宙ファン、生き物ファンですが、中学生・高校生から大人まで、科学に少しでも興味がある方に楽しんでもらえるよう、平易な解説を心がけました。

ここ二〇年間で、惑星《わくせい》科学には大きな進展がありました。太陽系の惑星の探査が進んで、火星《かせい》や金星《きんせい》、それに土星《どせい》や木星《もくせい》の「氷衛星《こおりえいせい》」（主に氷でできた衛星）がどうなっているかが、わかってきました。その結果、かつてこうした天体にも生命が誕生したかもしれない、さらにひょっとすると、いまもまだ微生物であれば生きているかもしれない、という可能性が出てきています。

さらに大きな発見は、「系外惑星《けいがいわくせい》」とよばれる惑星の発見です。一九九四年まで、惑星といえば太陽系の惑星に限られていましたが、その後、星の色や明るさの変化を観測するという間接的な方法を用いて、太陽以外の星の周りにたくさんの惑星が見つかってきました。今や五〇〇〇を超える惑星が太陽系以外に見つかっています。おそらく天《あま》の川《がわ》銀河《ぎんが》のほとんどの星の周りには、複数の惑星があるのではないかと推定できるほどになっています。そこで、これらの星に生命がいるのかどうかが、重要な研究課題になっています。

科学研究は研究者の科学的疑問から始まります。優秀な研究者であれば、多くの人が疑問に思うことを解明しようとします。これを科学者は「面白い」と表現します。優秀な科学者であればあるほど、重要な問題を面白いと思います。科学研究の結果、「面白い」発見が次々と報告されています。

科学的知識が増えると、さまざまなことが可能になります。物理、化学、生物の知識が利用されて人類の生活と福祉に役立っています。科学研究によって得られた知識は、自然災害を含むさまざまな問題に対する対処能力の向上にも役立ちます。

これに似た効果がフィクションの世界にもあります。

グリム童話に出てくるドイツの森にはオオカミや魔女が住み着いていました。グリム時代のドイツの大人は、危険から子供たちを守るためにオオカミや魔女の話をしたのでしょう。子供たちは、オオカミや魔女を怖がり、暗い森には行かなくなります。日本の昭和初期の子供たちにとって、夜の便所はお化けが出る場所でした。昭和初期の日本の大人は、夜の暗闇の危険から子供たちを守るためにお化けの話をしたのでしょう。子供たちは、お化けを怖がり、夜になると暗くなる場所には行かなくなります。こうして子供たちは危険を避ける行動をとるようになります。子供たちは、想像上の話を聞くことで、現実にある危険への対処方法を身につけました。

SFも、同様の役割を果たしています。

SFでは、しばしば宇宙人の地球襲来などの危機的状況が描写されます。あるいは、地球の自転が停止したり、洪水が襲ってきたり、地球が寒冷化したりと、危機的状況が訪れます。危機的状況のなかで、登場人物たちは知識を総動員して対処します。科学的には解明されていない事実をフィクションとして描き、その対処法を描くことで、SFはさまざまな危機的状況に対処する思考実験をしているのです。

現在の科学はすばらしい速度で発展しています。とはいっても、この世界、この宇宙はまだわからないことだらけです。生命は地球以外にはいないのでしょうか。もしいたとしたら、どのような生命なのでしょう。まだまだわからないことだらけだとしても、現在わかっていることから考えると、地球外の生命に対してどんなことまで想像できるのでしょう。

すぐれたSFは、未来を予測する内容を含んでいます。かつてSFで想像されたものの多くが、すでに実現しています。一方で、ＳＦで描かれながらもまだ実現していないものも多数あります。これらはやがて実現するでしょうか？

この本は、現状の科学的実験結果と知識から出発しています。現在の科学的知識から出発すると、どんなことならばありそうで、どんなことはあまりありそうもないかが、ある程度わかります。現在の知識から見て、ありそうなことと、ありそうもないことを見分けようとするのがこの本の目的の一つです。そこから、将来起こりそうなことと、それほど心配する必要がないことがわかってくるはずです。あなたの危機対応能力が向上するかもしれません。

目次

第四章　タイタンでの可能性　103

第五章　地球の生物に似ている可能性　131

第六章　最新科学で読むＳＦの想像力　175

第七章　地球人類のさらなる進化　199

第八章　ＳＦが描く未来からの警鐘　223

まだ見ぬ地球外生命

分子生物学者がいざなう可能性の世界

第一章　生命誕生のシナリオ

太陽と惑星

地球外生命のことを考えようとするならば、宇宙と生命の誕生のプロセスについて、最新の科学的知識を知っておく必要があります。まずは宇宙から始めることにしましょう。

太陽系にはたくさんの惑星《わくせい》があります。さらに多くの衛星《えいせい》（月）が惑星の周りを回っています。太陽系の惑星と衛星の中で、生命がいるとわかっているのは地球だけです。地球以外の惑星にも微生物のような下等な生き物であればいるかもしれませんが、高等な生き物はいそうにありません。

一方、太陽系外には五〇〇〇個を超える惑星が見つかっており、系外惑星《けいがいわくせい》とよばれています。系外惑星には生命はいないのでしょうか。どのような天体であれば生命が誕生して進化するのでしょう。

太陽系から始めて、次に系外惑星を検討していきます。太陽と惑星がどのように誕生したのか、まず太陽系の成り立ちから見ていきましょう。

太陽系

太陽系では太陽の周りを内側から順に、水星《すいせい》、金星《きんせい》、地球、火星《かせい》、木星《もくせい》、土星《どせい》、天王《てんのう》星《せい》、海王星《かいおうせい》と惑星が回り、さらに外側を冥王星《めいおうせい》が回っています［図❶］。冥王星は地球の月よりも小さい天体です。その他のいくつかの理由も考慮《こうりょ》して、冥王星は惑星ではなく「準惑星《じゅんわくせい》」とよぶことになりました。

太陽系の内側の惑星である水星、金星、地球、火星は外側の惑星に比べると小さく、惑星の周りをとりまく水や気体（ガス）は多くありません。これらの惑星は主に岩石でできた惑星で、「岩石惑星《がんせきわくせい》」とよばれています。

その外側の二つ、木星と土星の中心には岩石の部分（コア）があるのですが、その周りは厚い水素のガスで覆《おお》われています。この二つの惑星はとても大きく、「巨大ガス惑星」とよばれています。

さらに外側の二つの惑星（天王星、海王星）と準惑星（冥王星）は厚い氷に覆われています。これらの惑星は「氷惑星《こおりわくせい》」、「氷準惑星《こおりじゅんわくせい》」とよばれています。これらの惑星と準惑星の中で、生命が発見されているのは今のところ地球だけです。

天《あま》の川銀河《がわぎんが》

夜空にはたくさんの星が輝いています。夜空に輝く星は、太陽のように自分で光を放っています（恒星《こうせい》）。これらの星は、銀河とよばれる星の集団に属しています。

人工の光が少ない地方で夜空を見ると、うっすらと光る細長い帯が空を横切っているのを見ることができます。これが天の川です。天の川は銀河を横から見たときの姿です。銀河は薄い円盤の形をしています。太陽系はその円盤の端にあるので、円盤の中心方向がたくさんの星でできた帯のように見えます。太陽系の属する銀河は「天の川銀河」とよばれています。

天の川銀河の中には一〇〇〇億もの星があります。まだ一〇〇〇億のうちのほんの少しの星が調べられただけですが、太陽系から比較的近くの恒星の周りに惑星が見つかっています。

系外惑星

一九九五年、太陽系の外で初めて惑星が発見されました。それ以後、見つかった惑星は五〇〇〇個を超えています。今では、おそらく銀河系のどの恒星にも複数の惑星があるのではないかと推定されています。

太陽系外の惑星は多数見つかっていますが、その大部分は地球よりも大きな惑星です。遠くの惑星を見つけるのは大変で、小さな惑星よりも大きな惑星のほうが見つけやすいか

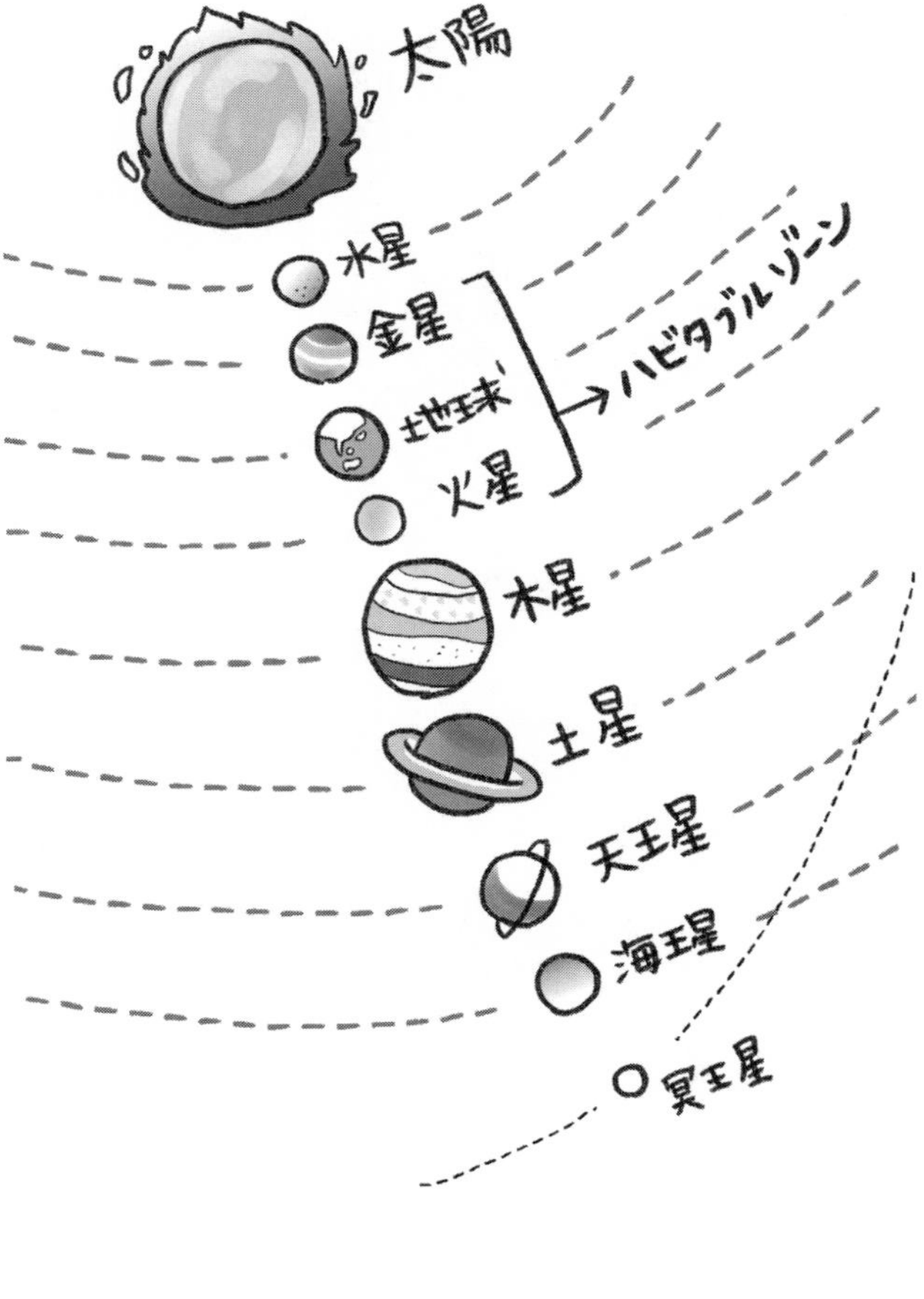

図❶　太陽系の全容。図中に示した「ハビタブルゾーン」は「生命生存可能領域」の意。ただしハビタブルゾーンは時代や考え方によって変わる。この図は46億年前のイメージ

らです。それでも地球と同じくらいの惑星も見つかっています。

地球よりも少しだけ大きい惑星もたくさん見つかっています。地球よりも少し大きい惑星は「スーパーアース」(super-Earth) とよばれています。スーパーアースといっても、スーパーマンのように惑星が強いわけではありません。スーパーというのは、地球よりも少し大きいという意味です。系外惑星、スーパーアースはどんな惑星なのでしょう。太陽系外のスーパーアースに生命は誕生するでしょうか。

それを考えるには「宇宙の誕生」にさかのぼる必要があります。

無からの宇宙誕生

今から一三八億年前、無から宇宙は生まれました。生まれたばかりの宇宙は砂粒《すなつぶ》よりもずっと小さい宇宙でした。砂粒よりずっと小さい宇宙は、一秒よりもはるかに短い時間で急速にふくらみました。どのような物質も光速を超えることはできません。しかし、空間は物質ではないので、空間がふくらむ速度は光速を超えることができます。

誕生した宇宙空間が急速にふくらむ過程は「インフレーション」とよばれています。インフレーションというのは「膨張」という意味です。ものの値段が上がるのもインフレーションといいます。経済が「膨張」するのでインフレーションです。宇宙のインフレーション。なんて平凡なよび方でしょう。

宇宙は光速を超える速度でふくらむあいだにエネルギーが増加して、超高温になりました。宇宙の初期には空間そのものがエネルギーを含んでいたので、空間が膨張するとエネルギーが増えます。

宇宙初期のインフレーションは、まだ完全に証明されたわけではありません。しかし、インフレーションによってうまく説明できる観測結果がいくつかあります。たとえば、測定された宇宙の温度や銀河の分布が均一なことです。均一になるためには、空間に何らかの相互作用が働いたはずですが、この事実は、宇宙の端が光速で遠ざかっていることと矛盾します。光速で遠ざかる場所同士には相互作用は働かないはずです。しかし、空間が光速以上の速度で膨張しており、宇宙が膨張する前は相互作用が働くほど近かったと仮定すると、宇宙の温度や銀河の分布が均一である説明ができます。これがインフレーションを支持する観測事実の一つであり、さらに確実に証明するための観測も進んでいます。

生まれたばかりの宇宙は超高温の、とても大きなエネルギーの塊《かたまり》でしたが、その中には原子も原子核も存在しませんでした。超高温の宇宙は急速にふくらみ続けました。インフレーションに続いて起きた、この第二段階目の急速な宇宙の膨張は「ビッグバン」とよばれています。ビッグバンは聞き慣れている読者が多いかもしれません。

ビッグバンによって宇宙がふくらむにつれて、宇宙の温度はどんどん下がっていきました。宇宙の温度が下がっていくと、原子核が生まれました。さらに温度が下がると最初の原子、水素原子が誕生しました。

インフレーションでは宇宙の膨張によってエネルギーが増えて、ビッグバンでは宇宙の膨張によって温度が下がります。同じ宇宙の膨張なのに、なぜ場合によって違ったことが起きるの？　と思った人、あなたはすばらしいです。そうです。なぜかはまだわかっていません。なぜだかわからないことを調べることで、科学は進んでいきます。

第一世代の星

宇宙が生まれてから一〇億年ほどたつと、水素が次第に集まり始めました。集まった水素の量が多くなると、その中心部の圧力と温度が上昇していきます。水素の集団の圧力と温度が十分高くなると、やがて核融合《かくゆうごう》が始まりました。

核融合とは、水素原子核が四つ反応してヘリウム原子核になる反応のことです。この反応が起きると、とても大きなエネルギーが発生します。今の太陽で起きている反応も、この水素原子核の核融合反応です。

核融合反応がどんどん進行すると、高温になった水素の集団から光が放出され始めます。こうして核融合反応で高温になり、光を出し始めた水素の塊が星です。こうして星が生まれました。宇宙が誕生した後、最初に誕生した星は第一世代の星とよばれています。

どんどん広がり続けている宇宙の端から地球に光が届くまでにはとても長い時間がかかります。そのため、遠くの宇宙から届いた光を見ると、はるか昔に出た光を目にすることになります。一番遠くを見ることで、宇宙が誕生した直後の様子を知ることができます。宇宙誕生後一〇億年ほどたったところで、水素だけでできた第一世代の星が観測されています。

核融合反応で、星の中にある水素のほとんどがヘリウムに変わってしまうと、次にヘリウムが核融合反応を始めます。ヘリウム原子核が核融合すると炭素になります。炭素が核融合すると、さらに重い元素ができます。

核融合反応は鉄よりも重い元素をつくることはできないので、鉄の原子核まで反応が進んだところで終了します。核融合反応が終了すれば温度も下がります。

一生を終えた星のその後の運命は、星の質量によって異なります。重い星は合成された元素を宇宙に放出して一生を終えます。すると、宇宙空間にはさまざまな元素がばらまかれます。

第二世代の星

　さまざまな元素がばらまかれた宇宙空間で、第二世代の星と惑星が誕生しました。宇宙空間はほとんど何もない真空ですが、ガス（分子）の密度が比較的高い場所では、次第に周辺のガスを集め、密度がだんだんと高くなっていきます。密度の濃くなった場所は、背景の星の光をさえぎるので黒く見えます。そこでガスの集まっている領域は暗黒星雲《あんこくせいうん》、専門的には「分子雲《ぶんしうん》」とよばれます。

　暗黒星雲の中でどんどんガスが集まっていくと、やがて互いの重力でガスは収縮し始めます。ガスが収縮すると、ガスは次第に高速で回転を始めます。アイススケート選手が腕を縮めると回転速度が上がるように、ガスが収縮して小さくなると回転が速くなります。

　高速で回転するガスは渦《うず》になります。ガスの成分として水素以外の元素も含まれますが、ガスのほとんどは第一世代の星と同様に水素です。渦の中心に集まったガスの総量が一定量を超え、高圧高温になると水素は核融合を開始して星が生まれます。こうして生まれた第二世代の星の一つが太陽です。

惑星の誕生

太陽の周りに残されたガスの渦の中ではケイ素と酸素が結合したケイ酸を主成分とするケイ酸塩《えん》の塊（鉱物）、つまり砂粒ができます。海岸の砂浜にある砂も主成分はケイ酸です。

それと似た成分のケイ酸塩（鉱物の粒）が宇宙空間にもあります。砂粒は互いに超高速でぶつかりあって互いにくっつき、粒はだんだんと大きくなっていきます。砂粒は小石に、小石は岩に、岩は微惑星《びわくせい》になり、最後に微惑星が衝突して惑星ができ上がります。

え、砂粒が衝突して小石になるの？　いえ、実はどうやって砂粒が小石になるのか、よくわかっていません。砂粒と砂粒が衝突しても互いにはじき飛ばされるか、あまりに速度が高いと粉々《こなごな》に砕《くだ》けるだけかもしれません。衝突によってお互いに溶《と》けてくっつくことがあるのでしょうか？　ひょっとすると、砂粒の周りにできた有機物が糊《のり》になって、砂粒同士がくっつくのかもしれません。

温度の低い宇宙空間では、砂粒の周りに氷がつきます。太陽から遠い場所でできた惑星は、氷を含む砂粒からできるので、水をたくさん含む惑星になります。太陽から近い場所では、温度が上がるために砂粒の周りの氷は気化してしまいます。太陽に近い場所で砂粒からできた惑星はほとんど水を含まない岩石惑星になります。

今から四六億年前、太陽系の八個の惑星と一個の準惑星はほぼ同時期にでき上がりました。太陽の周りを回る内側から三番目の惑星として、地球が生まれました。誕生するとき、微惑星が衝突する速度が高いと岩石は溶けてしまいます。生まれたばかりの地球は衝突のエネルギーで高温となり、岩石がドロドロに溶けたマグマの状態でした。

ドロドロに溶けたマグマの海を「マグマオーシャン」とよびます。数千年のあいだ、雨が降り続き、やがてマグマは固まりました。さらに表面の温度が下がると海ができました。ひょっとすると今から四五億年前には海ができていたかもしれません。今から三八億年から四〇億年前ころには海ができていたという証拠があります。

地球でもっとも古い岩石は、四〇億年前にできたアカスタ片麻岩《へんまがん》という変成岩《へんせいがん》で、この変成岩のもととなる花崗岩《かこうがん》ができるためには海が必要です。また、海の底に堆積した三八億年前の堆積岩《たいせきがん》も見つかっています。

生命の起源

いよいよ、惑星に生命が誕生します。といっても、現時点で私たちが知っている生命は地球の生命だけです。どのように生命が生まれてくるかということも、地球の生命についてしか研究されていません。ただし、地球の生命の誕生についてはだいぶわかってきています。

そもそも地球の生命にはどのような特徴があるのでしょう。

地球の生命はすべて細胞とよばれる小さな単位でできています。細胞の大きさは一マイクロメートルから一〇〇マイクロメートル、一ミリの一〇〇〇分の一から一〇分の一ほどです。細胞の七〇パーセントは水です。残りのほとんど、約三〇パーセントは有機物とよばれる炭素と水素、酸素、窒素《ちっそ》などからなる分子でできています。

生命が誕生する過程は、まだきちんとわかっているわけではありません。とはいっても、かなりのことはすでにわかっています。まず、炭素、水素、酸素、窒素は地球が誕生するときに微惑星《びわくせい》や隕石《いんせき》とともに宇宙からやってきました。

ただし、これらの元素があるからといって、生命が誕生できるわけではありません。現在の我々の細胞を構成する有機物は、すべて生物自身が合成しています。生命が誕生すれば有機物を合成できるのですが、生命が誕生する前には生物の関与なしに有機物が合成される必要がありました。生命誕生前にどのように有機物が合成されたのでしょう。

少し前まで、有機物は地球の大気中で合成されたと考えられていました。しかし、地球初期の大気の組成がわかってくると、地球初期の大気中で有機物はあまり合成できないことがわかってきました。

大気の組成がメタンや水素、アンモニアを含むような組成の場合、これを還元的大気《かんげんてきたいき》とよびます。還元的大気の中で放電が起きると、たくさんの種類と量の有機物が合成されます。

ところが、地球初期の大気は二酸化炭素と一酸化炭素を含むものの、メタンや水素、アンモニアはほとんど含んでいなかったことがわかってきました。こうした大気は弱酸化的とよばれます。弱酸化的大気の中では放電が起きても有機物があまり合成されません。

それでは、有機物はどこでできたのか？

有機物はおそらく宇宙でできて、冷えた後の地球に隕石で運ばれてきたと考えられています。

宇宙の中でも、暗黒星雲とよばれる領域には一〇〇種類を超える有機物が見つかっています。これらの有機物は、星や惑星ができるとき、砂粒とともにだんだんと大きな塊になります。

十分に大きい塊は惑星になりますが、惑星になりそこねたり、いったん惑星になってから壊れたりすることがあります。その岩石が隕石です。隕石の中には、七〇種類を超えるアミノ酸や核酸をつくる材料を含むものがあります。おそらく地球ができて、表面が十分に冷えたあとで、隕石とともに有機物が地球表面にやってきたのです。

地球初の生命

地球の生命は有機物でできているということのほかにも、共通の仕組みをもっています。その代表が遺伝の仕組みです。遺伝の仕組みは大変複雑です。遺伝の仕組みの最も大切な部分は遺伝子です。

ＤＮＡ（デオキシリボ核酸）は直鎖状《ちょくさじょう》分子（細長い分子）で、そこに塩基《えんき》とよばれる分子が並ぶことで遺伝情報が保存（記録）されています。その塩基は、ＡＣＧＴ（Adenine《アデニン》、Cytosine《シトシン》、Guanine《グアニン》、Thymine《チミン》）という四種類です。ＤＮＡの細長い分子にＡＣＧＴの文字で遺伝子が記録されているといえば、イメージしやすいでしょうか（文字というのは実際には塩基という化学分子ですが）。つまり、遺伝子であるＤＮＡには、情報を記録した塩基が直鎖状に並んでいます。

その記録が複製されて、分裂した二つの細胞に受け継がれます。これが遺伝です。

ＤＮＡに記録された遺伝情報は、細胞の中でいったんｍＲＮＡ（メッセンジャーアールエヌエー）という分子にコピーされ、それが翻訳されてタンパク質になります。こんな複雑な仕組みがいっぺんに誕生したわけはありません［図❷］。

現在の細胞の遺伝子はＤＮＡという分子でできていますが、地球で最初に生まれた生命は、もっと簡単な成分でできており、最初の細胞の中にはＲＮＡ（リボ核酸）だけがありました。ＲＮＡは今も生き物の細胞の中で、ＤＮＡの遺伝子に書かれた文字を一時的に写し取るコピーとして使われています。

これに対して、最初の生命の細胞にはＤＮＡはなく、遺伝情報はＲＮＡに書かれていました。最初の生命の細胞では、ＲＮＡに書かれた遺伝情報がそのまま機能をもち、ＲＮＡのまま使われていたと考えられています。

ではＲＮＡはどこからきたのでしょうか。宇宙でＲＮＡは見つかっていないので、地上でできたはずです。

ＲＮＡができるためには、宇宙からもち込まれた炭素と水素、酸素、窒素などの元素を含む分子が反応する必要があります。反応する場所は乾燥している必要があるので、ＲＮＡは陸でできたはずです。

生命はＲＮＡから生まれました。ＲＮＡから生命が生まれるためにも乾燥が必要なた

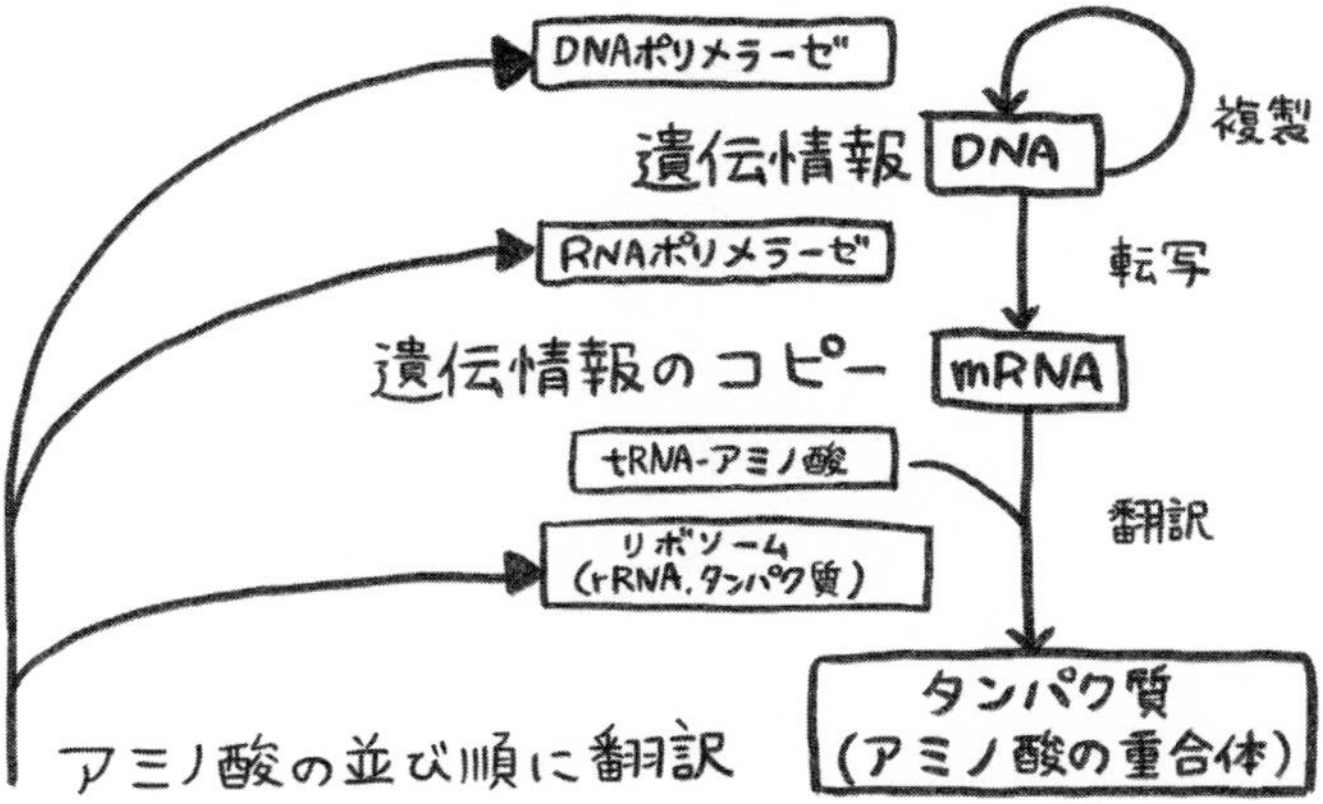

図❷　遺伝情報はDNAに記録されており、DNAポリメラーゼ（DNAの複製に必要な酵素；酵素はタンパク質の触媒）で複製される。DNAの二重らせんがほどけ、RNAポリメラーゼ（酵素）が結合する。二重らせんの片方の塩基配列がRNAポリメラーゼによって写しとられ、mRNAとなる（転写）。このmRNAの塩基配列は三つで一つのアミノ酸に対応するが、この三つの塩基で一組のものをコドンとよぶ。リボソーム（タンパク質とリボソームを構成するRNAであるrRNAの複合体で、タンパク質合成の場となる）上で、tRNA（アミノ酸を運ぶ役割のRNA）によって運ばれたアミノ酸が次々と結合し、アミノ酸の鎖をつくる（翻訳）。このアミノ酸の鎖が折りたたまれてタンパク質となる。生命は、1億年ほどでこうした遺伝の仕組みを獲得した

め、生命はおそらく陸上で誕生しました。ただし、陸のどのような場所で生命が誕生したのかについては、まだよくわかっていません。

陸の池や温泉、あるいは隕石が衝突してできたクレーターで生命が誕生したのではないかと、いろいろな可能性が考えられています。生命誕生のためには、乾燥と水が必要なので、水があって乾燥も可能な場所が生命誕生の場所の候補となっています。

生命の起源こそSFの材料になりそうですが、生命の起源をとりあげたSFはあまり見当たりません。SFも題材にしている、神と仏の世界を描いたマンガ『百億の昼と千億の夜』（光瀬龍、萩尾望都、秋田文庫）で、小さな一コマの中に、「御手のうちに生命はうまれ」とあるだけです。生命の起源、RNA生命についてわかってきたのは、ごく最近です。生命の起源は、SFにはなりにくいのかもしれません。

ここまで地球の生命について誕生プロセスを追ってきましたが、そもそも、どのような環境をもつ惑星に生命は誕生するのでしょうか。

ここからは、生命が誕生して、進化するために必要な条件は何か、現時点でわかっていることをもとに考えていきます。

ハビタブルゾーン

生命が誕生するためには、惑星と太陽（中心星、惑星系の中心にある星）の距離が大切です。太陽にあまりに近いと温度が上がりすぎて水が蒸発してしまいます。

例えば金星は地球よりも太陽に近い惑星です。金星にも昔は海があった可能性がありますが、現在の金星では海は完全になくなってしまい、地表は摂氏四六〇から四七〇度ほどの高温になっています。太陽にあまりに近い惑星は水が蒸発してしまって、生命が生まれるのには不都合です。

逆に、惑星と太陽の距離が遠いと水が凍《こお》ってしまいます。表面の水が凍ってもその下には液体の水が残っている可能性があるので、いったん生命が生まれれば氷の下の海で生き続けている可能性はあります。しかし、惑星表面に液体の水は存在できません。ＲＮＡ細胞が生まれるのは難しそうです。生命が誕生して進化するためには惑星が太陽から適度に離れた距離にあることが大切です。

惑星が太陽から適度な距離にあって、適当な温度になりそうな場合に、その惑星は「ハビタブル」であるといいます。ハビタブルというのは生命生存可能、生命が生きていられるという意味です。

太陽から適度な距離にあることを、惑星が「ハビタブルゾーンにある」という言い方もします。今から四六億年前、太陽系で適度な距離、ハビタブルゾーンにあったのはおそらく金星、地球、火星の三つの惑星です［図❶］。もっとも、当時の太陽が今よりも暗く七〇パーセントほどの明るさしかなかったことや、当時の大気の組成を考える必要があるので、まだきちんとわかってはいません。

一九世紀末には、「火星人」が登場するSF作品が生まれています（H・G・ウェルズ『宇宙戦争』）。当時はまだハビタブルゾーンというはっきりした考え方はありませんでした。ただし当時から、火星の表面の模様が変化することが、望遠鏡の観察で知られていました。火星は何かあるかもしれないという不思議な天体でした。火星人という考え方が誕生したいきさつは、第五章でもう少し詳しく解説します。

系外惑星については、多くの場合その惑星の太陽（中心星）からの位置だけを考えて、ハビタブルかどうかを決めているので、その惑星に液体の水があるかどうか、生命が本当に生存可能かどうかはわかりません。

惑星の太陽からの位置が適度であっても、大気の組成で温度は変わってしまいます。そもそも惑星に水があるかどうかも、今のところ推定できません。

惑星の温度は、惑星と中心星との距離だけでなく、惑星の大気組成や反射率によって変わりますし、惑星が形成されるときにどれくらい水が取り込まれるかということも、液体の水があるかどうかに影響するので、惑星がハビタブルゾーンにあっても本当に液体の水があるかどうかはわかりません。現在はまだこれらを知ることができないので、中心星と惑星の距離からハビタブルゾーンを決めています。

ハビタブルゾーンは、「ゴルディロックスゾーン」と言うこともあります。ゴルディロックスはイギリスの童話『ゴルディロックスと三匹のクマ』に出てくる主人公の少女の名です。少女は森の中で迷ってクマの家を見つけます。クマの家は留守でした。クマの家のテーブルにはおかゆを入れたお椀《わん》が三つありました。一番大きいお椀のおかゆは熱すぎて食べられません。中ぐらいのお椀のおかゆは冷えていておいしくありません。小さいお椀のおかゆがちょうどいいので、ゴルディロックスはそれを食べてしまいました。この童話になぞらえて「ちょうどいい」を表すのに、「ゴルディロックス」と言うことがあるのです。生命が誕生するためには、惑星はゴルディロックスでなければなりません。

小さい惑星より大きい惑星

惑星で生命が進化できるかどうかを考える上では、惑星の大きさも問題となります。惑星の大きさによって惑星内部の温度が変わるからです。

惑星内部の温度は二つの要因で高く保たれます。一つは、惑星ができるときに衝突した微惑星のもつ運動エネルギーが熱に変わったものです。もう一つは惑星内部にある元素が壊れていくときに出す熱です。

惑星を構成する元素は、一つ前の世代の星で核融合反応によって合成された元素です。それらの元素の中には不安定で、自然に分解していく元素があります。元素が分解するときに熱を発生します。

小さい惑星は、惑星の体積に比べて大きな表面積をもちます。そこで小さい惑星では、微惑星の衝突の熱も元素が崩壊するエネルギーも、効率よく宇宙に放散されます。その結果、惑星内部の温度が速く低下します。

惑星内部の温度が低いと、惑星の大気がなくなってしまいます。惑星の大気は、惑星の固体部分と密接な関係をもっているからです。

地球の表面はプレートとよばれる厚さ数キロから一〇〇キロメートルほどの岩石の板で全体が覆《おお》われています。プレートは地球の表面を、リンゴの皮のように覆っています。地球を覆うプレートはいくつもの部分からなっています。

海底にあるプレートはゆっくりと動いて、やがてほかのプレートの下に潜《もぐ》り込みます。このときに海の水をマントル内部に取り込みます。マントルとは、プレートと核の間にある二九〇〇キロメートルほどの岩石の部分です。マントル内部に沈み込んだプレートの岩石の温度は上がります。海の水を含む岩石の温度が高くなると、岩石と水が反応してマグマとなります。

マグマは地上に向かって上昇し、火山となって噴火します。そのときに二酸化炭素や蒸気を放出して大気に戻します。こうして地球の二酸化炭素と水が、地球の固体部分と大気のあいだを循環しているのです。

惑星内部の温度が下がると、この循環は止まってしまいます。すると、大気成分を地殻《ちかく》から供給することができなくなってしまいます。惑星が小さいと重力も小さいので、大気が宇宙に逃げていくのを止める力も弱くなります。

惑星が小さいと、数十億年のあいだに大気はなくなってしまいます。大気がなくなると、かりに生き物が誕生したとしても、そのまま生き続けることはできません。

惑星が大きい場合は、惑星大気が保たれている可能性が高くなります。ただし、海が深くなりすぎる可能性があります。惑星が大きいと重力も大きく、水分子をたくさん集められるからです。

水が多く、海が深くて、陸が一カ所もない場合にはＲＮＡ生物の誕生は極めて難しくなります。惑星が大きすぎて、海が深く、陸が一カ所もない惑星には生命が誕生しないかもしれません。

ただし、惑星の海の水はプレートの動きに伴って、だんだんと惑星のマントルに運ばれていくので、数十億年の単位で水の量は次第に減っていきます。したがって、惑星が海に囲まれて陸がなかったとしても、やがて陸は誕生するかもしれません。すると生命が誕生する可能性が出てきます。

つまりここまでをまとめると、生命が誕生して進化する可能性は、小さい惑星より大きい惑星のほうが高いことになります。

海の水の役割

海の水がまったくない惑星はどうでしょう？

現在の火星と金星には海がありませんが、初めからまったく水がなかったわけではありません。火星では、水はまだ極域の地下に凍っています。金星では、海は蒸発して水蒸気は上空で水素と酸素に分解され、水素は宇宙に逃げ、酸素は二酸化炭素の大気となっています。

太陽系ができた当時の火星と金星には海があった可能性があります。火星は小さいため、表面には液体の水が残っていません（地下には液体の水も発見されましたが）。金星は太陽（中心星）に近いため、液体の水が残っていませんが、太陽からの距離が適度であれば今でも海が残っていたかもしれません。

海の水は、惑星表面の温度を一定に保つ働きをもっています。赤道付近で暖められた海の水は蒸発して、海の温度の上昇を抑えます。水蒸気は南北に向かって移動して、雨となって地表に戻ります。そのときに熱を出すので、赤道域から熱が高緯度地方に移動します。南極と北極の低温域では水が凍るときに熱を放出して温度の低下を抑えます。凍った氷は氷山や氷河となって、ゆっくりと極域から赤道方向へ移動します。そこでゆっくり氷が溶けるときに低緯度側の温度を下げることになります。こうして、海の水が惑星の赤道付近と高緯度地域の温度差を縮めることに寄与しています。

この作用は、惑星全体でも同じ効果をもたらしています。海の水が凍ることで惑星全体の温度低下は抑えられ、氷が溶けることで惑星全体の温度の上昇が抑えられます。

つまり、大量の液体の水、海の存在が惑星の温度変化を一定に保つのに役立っています。水のない惑星は温度変化が激しく、生命誕生と進化には適していません。

ここまで生命誕生までのプロセスや条件を見てきましたが、次章では「知的生命」について、いろいろ考えてみます。

第二章　知的生命誕生の条件

「神経」の誕生

誕生した生命が知的生命に進化するためには、いくつかの条件を満たす必要があるかもしれないのですが、ここでは「かもしれない」と言わざるをえないほど、その条件についてわかっていません。

とりあえず、地球で人類が誕生するまでに起きたできごとを見てみましょう。地球で生命が誕生してから知的生命（人類）が誕生するまでにはさまざまなできごとがありました。生命の知的能力にはどのようなものがあるのか。知的能力が誕生するためにはその生き物はどのような器官をもっている必要があるのか。知的生命の能力が誕生するのはどの程度難しいことなのか。わかっていることは限られていますが、わかっている範囲で確認していきましょう。

知的な活動は脳によって行われています。脳の誕生の前に、まず神経が誕生しました。神経が誕生したのはいつでしょう。

単細胞生物（ゾウリムシやミドリムシのようなプランクトンの仲間）は、身体が一つの細胞でできています。単細胞生物も外界の状況、化学分子があるかどうかや光などを感知することができます。その刺激の種類によって、そこから逃げたり近寄ったりすることができます。しかし、これは一つの細胞がやっていることで、神経細胞があるわけではありません。

今から約七億年前に、酸素濃度が今と同じくらいにまで増加しました。そのころ、単細胞生物の中のいくつかの種類は多細胞化を始めました。例えば、コンブの仲間（褐藻《かっそう》）、アオサの仲間（緑藻《りょくそう》、焼きそばやお好み焼き用の青のりに使われる）、カビやキノコ（菌類）、植物（陸上植物）、動物が多細胞化し始めました。

なかでも、襟鞭毛虫《えりべんもうちゅう》という単細胞生物が多細胞化して、動物の祖先であるクラゲやイソギンチャクの仲間（腔腸動物《こうちょう》）が誕生しました。

イソギンチャクの仲間は、触手《しょくしゅ》で餌《えさ》を捕《と》ることができます。獲物《えもの》が触手に触ると、イソギンチャクは触手を縮めてそれを口の中にとりこみます。イソギンチャクの仲間には神経細胞があります。どうも、神経の形成は餌を捕ることと関係しているようです。

イソギンチャクの祖先から、さまざまな種類の動物が誕生しました。イソギンチャクには口があるだけで、口から肛門《こうもん》につながる腸はありません。消化されなかったものは口から吐き出されます。口は、いらないものを吐き出す肛門を兼ねています。

イソギンチャクの祖先から大きく二つの種類の動物が誕生し、いずれも腸をもつようになって、腸の一方から物を食べ、もう一方から排出するようになりました。不思議なことに、イソギンチャクの祖先から誕生した二種類の動物は、口のでき方が互いに反対でした。イソギンチャクの口になる部分がそのまま口になった動物は前口《ぜんこう》動物とよばれています。前口とは、「前から口があった」という意味です。前口動物には昆虫の仲間（節足《せっそく》動物）やイカ・タコの仲間（軟体動物）などが含まれています。

なかにはイソギンチャクの口になる部分が、肛門になった動物もいます。こうした動物は後口《こうこう》動物とよばれています。後口とは「口が後からできた」という意味です。

さて人間はどちらだと思いますか？

人間を含む動物の仲間、脊椎《せきつい》動物の口は後からできました。脊椎動物では、イソギンチャクの口だったほうが肛門になっています。ヒトをふくむ脊椎動物は、昆虫の肛門にあたる部位で食べていることになります。嘘《うそ》みたいですね。だけど本当です。

これは、動物がタマゴから成長する過程を調べることでわかります。受精卵は一つの細胞でできています。受精卵は細胞分裂を繰り返して、ゴムボールのように、表面に細胞が一層になった状態になります。この状態を胞胚《ほうはい》とよびます。胞胚の一カ所から細胞層がへこみ始めます。へこんだ入り口は原口《げんこう》とよばれ、へこんでできる空間は原腸《げんちょう》とよばれます。

前口動物も後口動物も次の段階で原腸が原口とは反対側につながります。その後、発生の過程が続いて、身体のさまざまな部分、口や眼、脳と頭、手足、尾ができていきます。この発生の段階で、頭のついた前と尾のついた後ろが決まります。前口動物では原口が口になりますが、後口動物では原口は肛門になります。

このように、タマゴから成長する発生過程を調べると、原口が口になるのか肛門になるのかわかります。

「脳」の発生

さて、前口動物も後口動物も目をもつようになりました。前口動物も後口動物も目は口の近く、口の少し上にもつようになりました。

前口動物も後口動物もやがて脳をもつようになりました。脳は神経が発達して塊《かたまり》になったものです。前口動物も後口動物も脳は口や目のすぐ側《そば》にもつようになりました。

イソギンチャクの祖先の段階で、神経はすでにできていたわけで、それが発達して集まって塊になれば脳になります。脳をつくる場所は、口や目の側がいいようです。

動物は食べる物、餌を目で確認して追いかけ、素早い動きで捕《つか》まえます。素早く動くために、目の情報を素早く処理して身体に伝えます。そのためには、脳は目や口の側にあるほうがいいのでしょう。

ここで落ち着いて考えると、昆虫の肛門にあたる部分が私たちの口になったわけですから、私たちの目も脳も、昆虫の肛門の側にできていることになります。昆虫の身になって考えてみると、昆虫の目や脳は、哺乳類《ほにゅうるい》の肛門の側にできていることになります。

もっとも、これも「前口動物」と「後口動物」の違いがわかったから悩んでいるだけの話です。我々は口と目と脳がついたほうを「前」と判断します。

したがって、昆虫の頭がついているほうが「前」ですし、哺乳類でも頭がついているほうが「前」です。「前口動物」であろうが「後口動物」であろうが、「口や頭のついているほうが前である」という私たちの直観に影響はありません。

「音」で危険と餌を感知

声を出さない爬虫類《はちゅうるい》も音を聞く耳はもっています。音を聞くことは、自分を捕まえて食べようとする捕食者《ほしょくしゃ》を感知するために有効です。木の陰に隠れたキツネが枯れ葉を踏む音が聞こえれば、小動物は逃げて捕食者から身を守ることができます。

光は直進するので、遮《さえぎ》る物があると、その向こうは見えません。それに対して、音は遮るものがあってもそれを迂回《うかい》して伝わります。専門的には「音波が回折《かいせつ》する」という言い方をします。光も回折しますが、波長が短いので回折の度合いが音波よりはるかに小さくなります（波長についてはあとで説明します）。音が回折するので、木の陰に隠れたキツネの足音も聞こえるわけです。

逆に捕食者は、餌となる小動物が音を出せばその動きを感知することもできます。葉の下に隠れて見えない動物が出す音でも、音は薄い葉を通して伝わります。音の感知は、餌を見つけるためにも有効です。

「光」で意思伝達

知的生命が誕生すると意思の伝達を行うようになります。生まれたての赤ん坊が行う光を用いた最初の通信は、身振り手振り、顔の表情です。生まれたての赤ん坊は笑いの表情を通じて、母親と情報通信を行います。

だんだんと大きくなれば（かなり大きくなっても）、「イヤ」という表情、のけぞった「絶対イヤ」という通信を始めます。「絶対イヤ」では大きな泣き声という音波での情報通信も併用されます。これらは、赤ん坊が考えて行っているのではなく、進化の過程で身についた本能に基づいています。赤ん坊は本能に基づいて、光を利用した意思の伝達を行っていることになります。

本能よりかなり高次な意思の伝達方法として、ヒトは光を使った通信をかなり古くから行ってきました。狼煙《のろし》や火による通信です。音にくらべて光のほうが遠くまで伝わりますが、遮るものがあると伝わりません。狼煙では山の向こうに情報を直接伝えることはできません。狼煙や火を使って情報を遠くまで伝えようとすれば、山の上に中継基地をつくる必要があります。

また光を使った通信では、それほど複雑なことを伝えることができません。狼煙が上がったかどうか、炎の光が見えるかどうかが基本で、「あるか、ないか」の情報しかありません。せいぜい、狼煙の色が黒か白か、あるいは炎の光を遮るかどうかくらいしか情報量を増やすことはできません。光では、ほんの少しの情報しか伝えることができません。

「音波」で情報伝達

哺乳類や鳥類は鳴き声で意思の伝達をしています。声やさえずり、吠《ほ》え声《ごえ》を出す動物は哺乳類や鳥類に多数見られます。息をのどと口や鼻を通して吐き出すときに声を出すので、鳴き声による意思の伝達を行うためには呼吸器官が必要です。

ヒトの場合にはのどの奥にある声帯という狭い部分に、吐き出した空気を通すことで音波を出しています。空気を使って振動させる器官があれば音波を出すことができます。たくさんの動物が声を出すことを考えると、これはそれほど難しいことではなさそうです。

ヒト以外の動物も、感情や感覚を声で表すことがあります。クマやライオンなど猛獣《もうじゅう》は、うなって相手を威嚇《いかく》します。イヌも甘えるとき、脚を踏まれて痛いとき、相手を威嚇するとき、それぞれ特徴的な鳴き声を出します。またトリの仲間も、仲間をよび寄せるとき、特に恋の季節にオスがメスを誘うためにさえずることはよく知られています。

声で情報量を増やすことは比較的簡単にできます。音の周波数、音の高さを変えることで情報量は増えます。音の周波数は、発声器官で比較的簡単に調整できます。

猛獣が威嚇するときには低い音、さまざまな動物の子供は高い音を出します。これは発声器官の大きさで出しやすい音の波長が変わるからです。声を出すときに発声器官が振動し、出る音の波長が発声器官の大きさと同じくらいになります。発声器官が大きいと波長が長く低い音が出て、発声器官が小さいと波長が短く高い音が出るので、大きな身体の動物は低い音を出しやすく、小さい身体の動物や子供の動物は高い音が出しやすくなります。自分の居場所を知らせる小さい子供の高い鳴き声は、いろいろな動物で使われています。

音の長さ、継続時間でも異なった情報となります。音の繰り返しはもちろん情報量が増えます。短く繰り返す高い音は警戒警報になります。

「言葉」による複雑な情報伝達

音の情報は、複雑に組み合わされて「言葉」となると情報量が大幅に増えます。ヒトの言葉の特徴は、単語を組み合わせることで文章をつくり、複雑な意味を伝えることです。単語を組み合わせることによって、もとの単語の意味からかなり異なった複雑なことまで伝えることができるようになります。

これは、ヒトだけにできるヒトの特徴的な能力であると、長らく考えられていました。ところが、最近のトリのさえずりの研究から、単語の組み合わせで文章をつくることができるトリの仲間（シジュウカラなど）が見つかってきました。

もちろん、トリが小説や論説文を書けるわけではないので、複雑な意味といってもヒトの場合とは比較になりませんが、文章を使うのはヒトだけということではなさそうです。

つまり、脳があって、声（音）を出すことができれば、ヒトでなくても文章によって意思をほかの個体に伝えることはできるようになりそうです。

「道具」をつくる身体

かなり高等な生物が誕生すると、道具を使うようになります。特にヒトでなくても道具を使う生き物がいます。道具を使う生き物としてトリの仲間がいます。

ガラパゴス諸島に住むキツツキフィンチは、くちばしにくわえた短い木の枝を、木の幹にあいた虫の穴に突っ込んで虫を捕ります。チンパンジーも藁《わら》をシロアリの巣（塚）に突っ込んで、シロアリ釣りをして食べることが知られています。

カニの一種、モクズガニというカニは小さい海藻《かいそう》をハサミでつかんで自分の甲羅《こうら》に植え付けます。海藻がついた甲羅は石や岩のように見えるので、カモフラージュになります。魚の中には、海藻で巣をつくる種類も知られています。

道具をつくるとなると人間だけと言いたいのですが、カレドニアカラスという種類のカラスは、木の枝からかぎ針状の道具をつくっていることが報告されました。

道具をつくるためには、動かすことのできる身体の部分が二つ、つまり二本の「手」が必要です。カレドニアカラスは脚を使って枝を押さえます。これが一本目の手の役目をします。そして、くちばしで枝が分かれている部分の一方を短くして形を整えかぎ針状にします。くちばしが二本目の手の役目をしています。

手を使うのは道具をつくるときだけではありません。ヒトやサルなどは、二本の前脚（手）を使ってものを扱います。四本の脚で身体を支える哺乳類の場合には、しばしば前脚で餌を押さえて、口で引きちぎります。つまり、前脚の一方と口の二つでものを扱っていることになります。

猛禽類《もうきんるい》は餌を引きちぎるとき、脚で餌を押さえてくちばし（口）で引きちぎります。鳥類の脚は、四本脚動物の後ろ脚に相当しますから、猛禽類は後ろ脚とくちばしでものを扱っていることになります。つまり、ものを扱うのは口でも手（前脚）でも後ろ脚でもいいのですが、ともかく二本の自由に使える身体の部分、「手」が必要ということになります。

「陸」をもつ惑星

人類は電気を発見すると、電気を使って通信をするようになりました。最初は電流をオンオフすることでモールス信号を送り、文章を遠くに伝えました。やがて、音の振動を電流の強弱に変えて、音声を伝える電話が発明されました。

電流の強弱を電波の強弱にすると、電線を使わずに情報を伝えることができるようになります。電波で音を伝えたのがラジオです。画像を電気振動に変換して、電波で伝えるテレビも発明されました。

電気や電波の利用のために、電磁気学《でんじきがく》が発達しました。電磁気学は電気や磁気の性質を理論的に究明する学問です。その誕生と発達のためには実験が欠かせませんでした。

電磁気学のような科学的な学問が発達するためには、知的能力のほかに実験をする能力が必要です。電磁気学の発達のためには、電気や磁気を扱う道具をつくることが欠かせませんでした。

例えば、モールス信号で使われた電磁石《でんじしゃく》は、エナメル線を鉄心の周りに巻いてつくられます。電波の受信にもエナメル線を巻いたコイルが使われます。かなり器用な手と指をもっていないと、実験をすることができません。電波の利用のためには器用な手と指をもつことが必要です。

電気は海水中を伝わるので、電気を用いた道具は海水中では使えません。かりに電圧を起こせたとしても海水中を電流が通ってしまいます。すると電流を流す必要がある部品には電流が流れません。

また電波を使おうとしても、電波は海水中を伝わりません。陸がなく、海だけの惑星では、電気や電波を用いた通信手段が使われることはないでしょう。つまり、電気や電波を使う知的生命誕生のためには、陸をもつ惑星である必要があります。

生命の「上陸」

音波や光、電波を使った通信を行うためには、生物が陸上に棲《す》む必要があります。道具をつくったり、投げたりするのも陸上が有利です。水は空気に比べて、粘性抵抗が大きいので、水中では素早く動けなくなります。

生物が上陸するためにはどのような条件が必要なのでしょう。陸上は海の中と違って宇宙からの放射線や紫外線を遮蔽《しゃへい》する水がありません。地球の場合、大気の存在と大気上空のオゾン、それに水蒸気が、放射線や紫外線を防ぐ役割をしています。オゾンができるためには、酸素が大気中に蓄積する必要があります。

大気中の酸素は光合成によってつくられたものなので、酸素が蓄積するためには惑星に光合成生物が誕生する必要があります。つまり、生物が上陸するためには光合成生物が誕生する必要があります。

光合成生物が誕生するかどうかについての必要条件はよくわかっていません。ただ、可視光線（電磁波のうちヒトの目で見える波長のもの、第三章で説明）が光合成に必要なことは確かです。もっとも、多くの中心星《ちゅうしんせい》は可視光線を出しているので、この点では光合成の誕生に問題はありません。

また可視光線があれば、可視光線を使った外界把握《がいかいはあく》ができるようになります。これも、知的生命の誕生には重要な項目になります。多くの中心星の周りの惑星は、この点でも条件は整っていることになります。

「酸素濃度」急上昇の謎

知的生命が誕生するのにはどれくらいの時間が必要なのでしょう。地球で人類が誕生するためには、地球が誕生してから四六億年の歳月がかかりました。

生命が誕生してから最初の二〇億年は細胞の小さい原核生物《げんかくせいぶつ》（細胞核をもたない原始的な生物）だけでした。原核生物の細胞は直径が一マイクロメートル、一ミリの一〇〇〇分の一程度です。真核生物《しんかくせいぶつ》とよばれる大型の細胞（原核生物の一〇倍から一〇〇倍の大きさ）をもつ生物が誕生したのは今から二〇億年ほど前です。

地球の誕生当時、酸素はほとんどありませんでした。今から三〇億年ほど前に、光合成を行って酸素を発生させる生物、シアノバクテリアが誕生しました。発生した酸素は、当時の海水中に含まれていた還元型の鉄を酸化することに費やされました。やがて、今から約二〇億年前、酸素濃度は現在の一〇〇分の一ほどにまで上昇しました。そのときになって、やっと大型の細胞が誕生しました。

結局のところ、酸素濃度が上昇するために二〇億年かかりました。ただし酸素濃度の上昇は、二〇億年かけて徐々に上昇したのではありません。そのきっかけとなったのは、全《ぜん》球凍結《きゅうとうけつ》という事件でした。今から二三億年前ごろに、地球表面がすべて氷河に覆《おお》われるという事件が起きました。全球凍結、英語では「スノーボールアース」とよばれている事件です。そのあとで、酸素濃度がそれ以前の一〇〇倍ほどにまで増加しました。「大酸化イベント」とよばれています。

大酸化イベントが起きて酸素濃度が急上昇したということはわかっているのですが、どうして全球凍結したのか、それがなぜ地球ができてから二〇億年ほどたってから起きたのかは、まだ謎《なぞ》のままです。したがって、酸素濃度が急上昇するのになぜ二〇億年が必要なのか、今のところわかりません。

一方、生命の進化にとってなぜ酸素が必要なのかは、ある程度わかっています。

動物も植物も、多くの微生物も、有機物と酸素の反応からエネルギーを取り出しています。酸素がないと、有機物から得られるエネルギーがはるかに少なくなってしまうのです。酸素がなくても有機物からエネルギーを得ることはできますが、そのエネルギー量は酸素がある場合よりもはるかに少なくなります。

酸素がないと、同じ量の有機物から酸素があるときの数十分の一以下のエネルギーしか得られません。真核生物は原核生物より平均すると一〇〇〇倍くらい細胞の体積が大きいので、一つの細胞あたりたくさんのエネルギーが必要です。真核生物の誕生のためには、酸素濃度が上昇する必要があったのだろうと思います。

二度目の「酸素濃度」急上昇

今から数億年前、二度目の酸素濃度の急上昇が起きて、現在とほぼ同じ酸素濃度（大気の二〇パーセントくらい）になりました。その直前にも全球凍結が起きて、地球全体が氷に覆われました。地球が氷に覆われると太陽光を反射するので、簡単に氷は溶けません。地球が氷に覆われているあいだは、光合成はストップします。光合成がストップすると、地熱活動で出てくる二酸化炭素やメタンが、大気中に蓄積することになります。それが限界濃度を超えると、二酸化炭素やメタンの温室効果によって氷が一気に溶けていきます。

氷が溶けると太陽光をあまり反射しなくなり、地表が太陽光を効率よく吸収して、温度が急激に高くなります。高温で大陸の岩石が侵食され、溶け出した塩を養分として海での光合成が急速に進み、酸素が大気中にたまったのだと考えられています。

最近の研究で、海水中のリンの濃度が八億年前ごろに急上昇したという結果が出てきました。またちょうどそのころ、巨大隕石《いんせき》が地球に衝突した可能性が出てきました。巨大隕石の衝突と全球凍結、リンの増加と酸素濃度の急上昇が関係しているかもしれません。

大気濃度が現在とほぼ同じくらいになった時期に、それまで単細胞生物だった原生生物が多細胞生物になりました。ここでも、酸素濃度の上昇が多細胞生物の誕生になぜ必要だったのかはまだよくわかっていません。

やがて多細胞生物が、神経と脳をもつようになり、道具と言葉を使い始めました。人類の誕生は今から数十万年前、地球の誕生から四六億年たっていました。

地球でなぜ、人類が誕生するまでに四六億年かかったのか、いくつもの謎があって、理由はよくわかりません。理由はわからないにせよ、とりあえずこれくらいの年数が知的生命の誕生までかかるのだろうと仮定することにしましょう。

もし、これが宇宙のどこでも大体あてはまるのだとすると、どこかの惑星で生命が誕生したとして、その生命が知的生命になるまでの時間、中心星が活動を続けている必要があります。

なぜ、こんなことを書くかというと、星の寿命は永遠ではないからです。

星の寿命

星の寿命は星の大きさに反比例します。大きい星では核融合反応が急速に進むので、星の温度が高く、色は青白く、太陽の一〇倍の速さで燃え尽きてしまいます。太陽の一〇倍の速さで燃えると、寿命は一〇億年ほどしかありません。星が燃え尽きると、大きな星は超新星《ちょうしんせい》爆発してしまいます。大きくて青い星の周りの惑星では知的生命が誕生しづらいということです。

太陽は中ぐらいの星で、G型星とよばれます。星は色が違うと温度と大きさが違うので、色によってアルファベットで区別してよばれています。G型星というのは太陽と同じくらいの大きさの星です。すべての星のうちの一〇パーセントくらいがG型星です。G型星の寿命は太陽と同じくらいで、一〇〇億年ほどあるので、知的生命が誕生する可能性があります。

太陽より小さい星の寿命は太陽よりも長くなります。銀河の星の大半は太陽より小さい星です。小さい星は温度が低く、赤い星になります。寿命は長くても赤外線が強く、可視光線が少ないので、光合成をするのには多少不利です。

光合成では、光エネルギーを使って二酸化炭素を還元してデンプンなどを合成します。光の粒子、光子《こうし》一つあたりの光エネルギーは可視光線のほうが赤外線よりも強いので、光合成をするのには可視光線のほうが有利です。現在の地球の光合成生物は可視光線で光合成をすることができますが、赤外線を使うことはほとんどできません。

太陽より小さい星の周りの惑星では可視光線が弱いので、光合成は発生しないかもしれません。かりに光合成生物が誕生して酸素がたまるとしても、四〇億年よりもっと長い時間がかかるかもしれません。もっとも、太陽よりも小さい星の寿命は一〇〇億年よりもずっと長いので、やがて酸素も蓄積して知的生命が誕生するかもしれません。

結局のところ、知的生命の誕生に最適なのは、太陽と同じくらいの大きさの恒星の周りにある惑星です。ただし、時間をかければ太陽より小さい星の惑星にも知的生命が誕生するかもしれません。

それはどんな星か

ここまで考えてきたことをまとめてみましょう。宇宙にあるさまざまな星の中で、どんな星に知的生命が誕生する可能性があるのでしょうか。

①中心星は太陽に似た「G型星」か、太陽より小さな星で、誕生から四六億年以上の時間がたっている。

②岩石でできている岩石惑星である。

③大きさは地球と同じか、大きい。

惑星が小さすぎると大気や水が四六億年よりも短い時間で失われてしまう可能性があります。逆に大きすぎるとプレート活動が抑えられて、大気が早く失われる可能性もありますが、重力が大きいと大気損失を抑える可能性もあるので、今のところ地球よりも大きい惑星も知的生命誕生の候補にしていいように思います。

④海をつくるくらいの水の量が必要である。

岩石惑星であれば、それなりの量の水がある可能性が高いと思います。海水の量が多すぎると陸がなくなるので、水の量は陸地ができる程度の適量である必要があります。

⑤中心星からゴルディロックスの距離にある。

ゴルディロックスは先述したように「ちょうどよい」という意味です。水が液体の状態を保つには、中心星からの距離が遠すぎず、近すぎず「ゴルディロックス」である必要があります。

⑥海と陸がある。

⑦大気がある。

海があれば、それは同時に大気をもっていることを意味すると考えていいでしょう。大気があれば、誕生した生命は、音波を使って外敵や餌を探査し、通信を行うようになる可能性があります。

次章から、ここまでご紹介した科学的にわかっていること、わかっていないことを前提にしながら、「地球外知的生命」の可能性について考えます。

第三章　天の川銀河での可能性

太陽が三つある世界

『三体《さんたい》』（劉慈欣《りゅうじきん》、二〇〇八年。邦訳は二〇一九年、早川書房）は、サイエンスフィクションの最高傑作《けっさく》です［図❸］。『三体』は、最先端の物理的知識に基づいており、時間と空間スケールの大きさという点で、これまでのサイエンスフィクションの枠を超えています。著者は中国のエンジニアで、本国でベストセラーになるだけでなく、世界的に翻訳され高い評価を受けています。

この章では、天の川銀河に知的生命が誕生する可能性を探ります。まずは、このＳＦ小説を見てみましょう。

物語は一九七〇年代の中国紅衛兵《こうえいへい》運動から始まり、宇宙が膨張を止める一八〇〇億年後までを紡《つむ》ぎます。壮大な宇宙歴史大河ドラマです。

中国にある電波望遠鏡で、ケンタウルス座アルファ三重星《さんじゅうせい》の惑星からきた信号が検出されました。知的生命体からのものと思われる信号に、ある女性科学者が返信してしまいます。その結果、地球に知的文明が存在していることが「三体人」に知られてしまうこと

図❸　『三体』は中国発のSF超大作。作者の劉慈欣は1963年生まれの発電所エンジニアで、アジア人作家として初めてSF最大の賞であるヒューゴー賞を受賞した。この書影は『三体』三部作の第一弾の邦訳（大森望・光吉さくら・ワンチャイ訳、2019年、早川書房）。中国では2008年に刊行された

になります。三体人とはアルファ三重星の惑星に住む知的生命体です。

やがて、三体人が地球を攻撃してくることがわかりました。そこで、それにどう対処するかということが大問題となります。地球人類存続のためのさまざまな活動が太陽系を舞台として繰り広げられます。しかし、その対処方法をめぐって人類はなかなか一致することができません。また地球での物理研究が三体人によって阻害《そがい》されてしまったために、科学技術の大きな進歩が起きなくなっています。

それでも、一〇〇〇隻からなる宇宙艦隊を木星付近に配置して、三体人の攻撃を迎え撃つ態勢を整えました。ところが三体人が送り込んできた武器によって地球の宇宙艦隊は壊滅的に破壊されてしまいます。艦体全滅の間際、何とか間一髪のところで、人類は三体人の武器を破壊して生き延びることができました。

しかし、それで終わりではありませんでした。三体人と地球人、両方の存在を、さらに高度な技術文明をもつ別の知的生命体に知られてしまいました。その攻撃から逃れるための地球人類の苦闘が続きます。

三体人が住む惑星は、太陽が三つある世界です。物理学には古くから、「三体問題」とよばれる問題があります。例えば地球の周りを月が回る場合には、ニュートン力学で軌道を計算することができます。しかし、同じくらいの質量の天体が三つある場合には、ニュートン力学で軌道を計算できません。三つの天体が互いに非常に複雑な動きをすることになるので、その動きは予測不能になります。これが「三体問題」です。こうした複雑な動きをする三つの太陽の周りを回る惑星に誕生し、進化した知的生命体が三体人です。

　三体人が住む惑星では、三つの太陽の動きが予測不能なので、比較的穏やかな気候が続いたかと思うと、突然、強い光の太陽が現れ、惑星表面を焼き尽くします。この過酷な時期はしばらく続きます。過酷な気候の時期には、ごく少数の指導者をピラミッド地下の部屋に残して、三体人の大多数は乾燥した薄い紙のような状態になります。それを巻物《まきもの》のように巻き取って保管しておきます。過酷な時期が終わりを告げると、巻物を水で戻して元の身体に戻します。

「三体人」はクマムシか

　我々の地球には、クマムシという一ミリ以下の小さい生物がいます［図❹］。節足動物《せっそくどうぶつ》に似ていますが、緩歩動物《かんぽどうぶつ》という生き物の仲間です。クマムシは乾燥すると動きが止まり、仮死状態になります。この仮死状態は乾眠《かんみん》とよばれます。乾眠状態のクマムシは、摂氏一〇〇度の高温にも、摂氏マイナス二七三度の低温にも、真空や放射線にも耐えることができます。三体人も過酷な環境の時期には乾燥した仮死状態で耐え忍ぶように進化したと思われます。

高度な知的生命体がクマムシのような乾眠をして再生する可能性はあるのでしょうか？ほとんどの生物は乾燥すると死んでしまいます。細胞の中の水は細胞の活動を維持するのに必須《ひっす》だからです。ただし、なぜ死んでしまうのかというと少し話は複雑です。きちんとわかっているわけではありません。

微生物も乾燥させると大部分の種類は死んでしまいます。ところが一部の微生物はいったん凍らせてから乾燥させると非常に長いあいだ、種類によっては永遠に生存します。この方法は凍結乾燥とよばれていて、微生物を長期間保存するために利用されています。

つまり、乾燥そのものが死を招くのではなく、乾燥するまでのプロセスが大事であるということになります。徐々に乾燥していくと何か生存に必要なものがだめになります。急速に凍結すると生きている状態がそのまま保たれて、それを乾燥すれば、乾燥状態でもその状態が保たれるわけです。

急速凍結という方法は、肉や魚を長時間、保存しておくのにも使われています。急速に凍結すると、氷の結晶が大きくならず、肉や魚の細胞が壊れにくいので、あとで溶かした

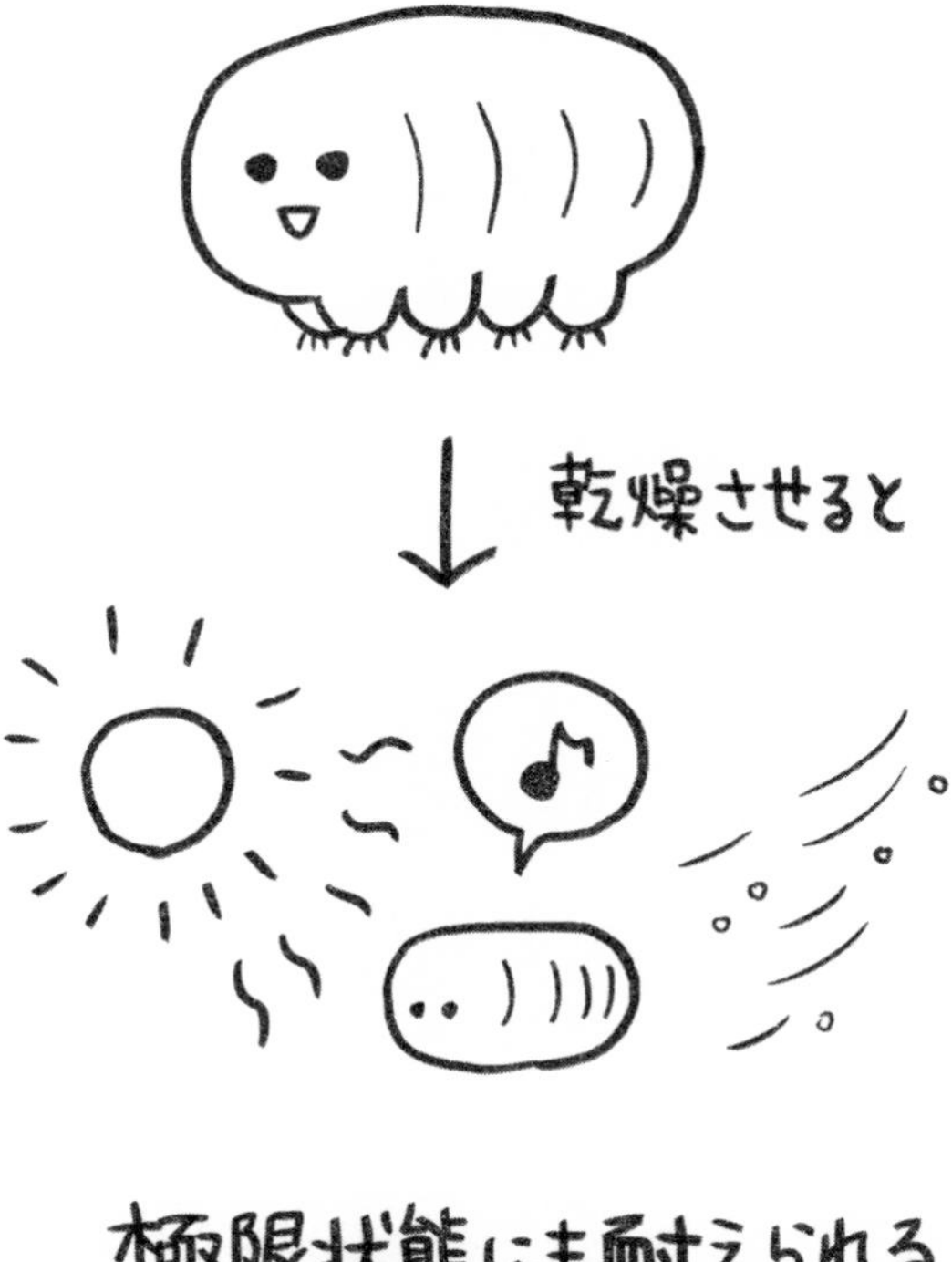

図❹　乾燥すると仮死状態になるクマムシ。体長は1ミリメートル以下で、「緩歩動物」に分類される。その種類は多く、1000種類以上のクマムシが確認されている

ときにも細胞の形が維持されます。反対にゆっくりと凍結すると大きな氷の結晶ができて細胞を破壊してしまいます。

乾燥の場合には急速乾燥というわけにはいきません。急速に乾燥するためには、低圧、真空にすればいいのですが、真空にすると液体の水が沸騰して、細胞を破壊してしまいます。そこで、それを避けるために、いったん凍結してから真空で乾燥させるという真空凍結乾燥法が使われます。

凍結してから真空にすると、氷は溶けることも沸騰することもなく、氷の状態から徐々に気化して水蒸気になります。そのため、細胞は凍った状態で水分だけが蒸発していくので、細胞が破壊されません。

三体人も真空凍結乾燥法を使っているのでしょうか。ヒトの身体を急速に凍結するのは簡単ではありません。大きすぎるからです。牛や豚の大きな肉の塊《かたまり》も凍結して保存しますが、急速に凍結はできません。大きいと温度は外側からじわじわと下がることになるので、冷却しても凍結するまでに時間がかかることになります。

ならば内部から冷却すればいいでしょう。血液が凍らないようにしたあとで、血液の温度を下げ、急速に冷凍すればいいかもしれません。血液にグリセロールという液体を混ぜるとマイナス二〇度でも凍らなくなります。ガソリンエンジンの冷却液が寒冷地で凍らなくするために不凍液《ふとうえき》が使われますが、これも同じ原理です。不凍液にはエチレングリコールなどが含まれていますが、エチレングリコールは毒なのでヒトには使えません。グリセロールはグリセリンともよばれ、甘味《かんみ》をもつので食品添加物としても使われています。血液にグリセロールをまぜて、凍らないようにしてから急速に温度を下げれば、十分に早く身体を凍結できるかもしれません。三体人は、グリセロールを使って急速冷凍、真空凍結乾燥法で乾眠状態にしているのかもしれません。

乾眠できれば真空でも生存

めでたく乾眠に成功した三体人はどれくらいの環境に耐えられるでしょう。いったん乾眠状態になってしまえば、低温はまったく問題ありません。液体窒素《ちっそ》の温度、つまりマイナス一九〇度でも、絶対零度マイナス二七三度でもまったく生存に影響ありません。代謝を行っていないので、酸素は必要なく、真空の中でも生存に問題ありません。

高温では構成成分のなかでもとくにタンパク質が不安定で、熱に強いタンパク質でも一二〇度ほどで構造が壊れてしまいます。高温は避ける必要があります。

放射線は化学結合を切るので最もやっかいです。しかし宇宙環境は、例えば原子炉の中と比較するとはるかに放射線量は低いです。人間でも一年間ぐらいは宇宙空間の中で生存できます。国際宇宙ステーションの中であれば、アルミニウム製の外壁でかなり遮《しゃ》蔽《へい》されるので、一年間滞在しても生存にはまったく問題がありません。がんになる可能性が多少上がるかもしれないという程度です。

そういう意味では、乾眠中の三体人も放射線を気にする必要はありません。乾眠中の三体人は、高温にならない地中かピラミッドの中であればかなり長期間生存できそうです。

さて、これで乾眠状態の三体人ができ上がりましたが、まだ一つ問題があります。かりに、三体人が地球生命と同じような成分組成だとすると、六〇パーセントが水で、残りの四〇パーセントが有機化合物になります。ということは、最初の体積の四〇パーセントにまで減らすことはできますが、身体の身長と幅を同じに保って体積を四〇パーセントまで減らしても、厚さを四〇パーセントに減らすことしかできません。

身体の厚さが最初一〇センチだとしても、まだ四センチの厚さがあるので、巻物のように巻くのは無理です。図書館の大型図書のように、棚に平らに積み上げておく必要がありそうです。

さて、科学技術が地球よりもはるかに進んだ三体人ですので、この程度の技術は実現しているはずです。ただし、三体人といえども科学技術を十分に発展させるまでの歴史的段階では、生身の身体で過酷な環境を生き延びてこなければなりませんでした。しかも、ただ生き延びただけではありません。高度な科学技術を発展させなければなりませんでした。三体人進化の歴史、過酷な環境でどのように科学技術を発展させたかという点は大きな謎《なぞ》です。

凍結乾燥技術を開発してしまえば三体人は過酷な環境を生き延びることが可能になりますが、それ以前にはどのように凍結乾燥していたのでしょう。自然の進化の過程で、自然に乾眠状態になったはずですが、その仕組みはわかりません。

クマムシの場合には、急速乾燥ではなく、むしろゆっくりと乾燥することが乾眠するために必要です。ゆっくり乾燥するあいだに乾眠に耐える状態に身体を慣らしていきます。三体人も、過酷な条件に耐えるためにゆっくりと乾眠に耐える状態に変化できるよう進化したのかもしれません。

探査機を送るスターショット計画

『三体』に出てくる三体人の住む惑星は、地球から四光年の距離にあります。私たちの地球から最も近い現実の星は、ケンタウルス座で最も明るい星「ケンタウルス座アルファ

(α)星」です。この星は、三重星で、地球から約四光年の距離にあります。三体人の住む惑星はケンタウルス座のアルファ星を想定して設定されたのでしょう。

ただし、実際のケンタウルス座アルファ星はA星B星という比較的大きな二重星《にじゅうせい》があって、そこからかなり離れた位置に三番目の星、プロキシマ星があります。したがってプロキシマ星からA星B星を見ると、A星B星はかろうじて見える星程度の明るさしかありません。現実のケンタウルス座アルファ星は、三体星のような複雑な軌道にはなりません。

ケンタウルス座プロキシマ星の周りには、複数の惑星が見つかっています。その中には、この中心星(プロキシマ星)から適度な距離にあって、液体の水があってもいい惑星、ハビタブル(生命生存可能)な惑星も見つかっています。ひょっとするとこの惑星に生命がいるのではないかという期待があります。

ただし、プロキシマ星の惑星に誕生した生命は、三体人が大変な目にあった三体問題には直面しません。プロキシマ星はA星B星と非常に離れていて、複雑な相互作用がないからです。プロキシマ星の惑星にもし生命が誕生しても、三体人よりはずっと穏やかな気候の日々を過ごしているはずです。

プロキシマ星のハビタブルな惑星に探査機を送ろうという計画が進んでいます。この計画はスターショット計画と名付けられています。今から二〇年後の二〇四〇年代半ばにプロキシマ星の惑星に向けて超小型の探査機を送ろうという計画です。

ロシアの大富豪ユーリ・ミルナーは資金を提供し、「ブレイクスルーイニシアチブ」と命名したいくつかの計画を提案しました。その中の一つが「ブレイクスルースターショット計画」です。

スターショット計画は、地球から最も近い恒星であるケンタウルス座プロキシマ星の惑星に向けて探査機を送る計画です。探査機は最新鋭の電子技術を用いて、カメラ、光子姿《こうしし》勢制御《せいせいぎょ》エンジン、電源、航法装置、通信装置などを搭載します。この完全な機能をもつ宇宙探査機を一グラムほどの重量でつくる計画であり、二〇年ほどかけて技術的な検討を行おうというものです。

これらの技術の多くは、すでにスマートフォンで開発された技術の応用です。探査機には数メートルの大きさの帆《ほ》を張りますが、その厚さは原子数百個分ほどで、重さは数グラムほどです。探査機は半導体技術で大量生産するので安価であり、iPhone《アイフォン》程度の値段で大量につくられる予定です。

これを一〇〇ギガワットのレーザービームで光の速度の二〇パーセントまで加速します。光を探査機の帆にあてて、ヨットのように加速すれば、光の二〇パーセントの速度にまで加速できることが理論的に確かめられています。ということは、地球から約四光年離れた場所にあるケンタウルス座プロキシマ星には、地球を出発してから二〇年後に到達することになります。

到達したら、プロキシマ星のハビタブルな惑星を撮影します。プロキシマ星のハビタブルな惑星で撮影した画像は、地球に向けて送られますが、その四年後に画像が地球に届くことになります。計画がうまく進めば、今から二〇年後に宇宙船が打ち上げられて、今から四四年後（二〇六〇年代後半）に隣の星の惑星の画像が届くことになるかもしれません。

これらの基本技術はすべてありますが、光の速度の二〇パーセントまで加速するとさまざまな問題が発生してきます。例えば、飛行している途中で遭遇する隕石《いんせき》はどのように避けたらいいでしょう。

隕石ならば見えるかもしれませんが、一ミリ以下の宇宙塵《うちゅうじん》も光の速度の二〇パーセントで衝突すると探査機に大打撃をあたえます。さらに深刻なのは、宇宙空間に存在している水素を主成分とするガス分子です。そこに存在するだけならばただの分子ですが、光速の二〇パーセントの速度で衝突すると、ただの分子も重粒子線《じゅうりゅうしせん》というエネルギーの大きな放射線になってしまいます。探査機は飛行中に大量の放射線を浴びることになります。半導体は放射線に弱いので、探査機のさまざまな機能を担っている半導体は放射線によって壊れてしまいます。

ブレイクスルースターショット計画の推進者たちは、これらの問題に気がついていますが、非常に重要な問題なので、今から二〇年かけてそれを解決していこうという計画です。なんとすばらしい計画でしょう。その準備活動の進展を見守りましょう。できれば長生きして、四四年後に地球に届くプロキシマ星のハビタブルな惑星の写真を待ちましょう。

地球外生命体からの電波

地球外知的生命体からの電波を受信しようという探査活動も行われています。前述のブレイクスループロジェクトの一つにも「ブレイクスルーリッスン」という計画が入っています。これは地球外知的生命体の電波を傍受する計画で、Search for Extra-Terrestrial Intelligence（地球外知的生命体探査）、略してＳＥＴＩ《セチ》とよばれている計画の一つです。

ＳＥＴＩでは、地球外知的生命体からの電波を検出した場合の行動規範が定められています。地球外知的生命体からと思われる電波を受信しても、それを勝手に公表してはいけないことになっています。不確実な情報で社会を混乱させないためです。

一方、その情報はＳＥＴＩのほかの研究者には伝えられ、その情報を確認するための追加観測が行われます。その結果、地球外知的生命体からの電波であることが確認された場合には、遅滞なくその情報を公表することになっています。

さらに最重要点ですが、観測者たちは地球外知的生命体に返信してはいけないことになっています。返信すれば地球人類の存在が地球外知的生命体に知られることになり、危険性があるからです。

もっとも、地球人類が意図的に宇宙に対して通信しなくても、地球外知的生命体に地球人類の存在が知られてしまう可能性もあります。現在、我々は日常生活でさまざまな電波を利用しています。例えば、ラジオ、テレビ、携帯電話などの電波は地球から漏れ出ています。それらの電波は地球外知的生命体に検出される可能性があります。

とはいっても、ラジオの放送が始まったのは一九二〇年、アメリカでの放送が最初です。まだラジオ放送を始めてから約一〇〇年しかたっていないので、ラジオの電波は地球から一〇〇光年先にしか届いていません。地球から一〇〇光年以内には星は五〇〇個ほどしかありません。この五〇〇個の星の周りの惑星や衛星には、知的生命体はいないかもしれません。

系外惑星での確率

私たちの太陽系が属する銀河系は「天の川銀河」ですが、この銀河系の中には一〇〇〇億個の星があります。その中には高度に発達した文明と技術をもつ地球外の生命がいるかもしれません。いるとすれば、どれくらいの数の惑星に地球外知的生命がいるのでしょう。

まず、天の川銀河の一〇〇〇億個の星に、どれくらいの惑星があるのでしょう。系外惑星《けいがいわく》星《せい》の研究は進んでいて、ほとんどの星に惑星があることがわかってきました。その一〇個に一つぐらいは生命が誕生できそうな惑星だろうということもわかってきました。そこにどれくらいの生命が誕生して、進化して、知的生物が誕生して、電波技術を使うようになるのでしょう。ほとんどわからないことだらけで、当てずっぽうに近い推定になります。

これらすべてのことを網羅《もうら》的に研究している科学者はいません。いくつかの分野や専門に分かれていて、どの分野を研究している研究者も、物事が起こる確率（可能性の高さ）を正確に推定することはできません。したがって、研究者によって推定された数字には大きな開きがあります。

天の川銀河には、地球だけに文明社会が存在すると思っている研究者もいます。一方で、電波を使っている文明社会が二〇〇万個あると推定している研究者もいます。何人かの研究者が推定した値の中間を取ると、天の川銀河には電波を使っている文明社会は二〇万個あることになります。一〇〇〇億個の恒星のうちの二〇万個なので、五〇万個の恒星につき一個しか文明社会はないことになります。

天の川銀河の直径は一〇万光年あります。銀河は薄い円盤状なので計算は少し複雑なのですが、銀河の中に均等に文明社会が散らばっているとすると、次のように計算できます。天の川銀河の半径は約五万光年、厚さは約一〇〇〇光年なので、体積は約一兆立方光年です。その中にある星の数が一〇〇〇億個なので、わり算をすると一立方光年に〇・〇一個の星があります。文明は恒星五〇万個に一個なので、五〇〇〇万立方光年に一個の文明があります。体積の立方根を求めると三六八光年（約四〇〇光年）に一つの文明があることになります。

地球が電波を使い始めてからまだ一〇〇年しかたっていません。したがって、文明社会をもつ一番近い星にその電波が届くまでにはまだ三〇〇年ほどかかります。

かりに地球で電波を使い始めたことを知ったその地球外知的生命体が、すぐに地球にむけて挨拶《あいさつ》の電波を送ったとしても、今から七〇〇年後にならないと地球にその返事は届かないことになります。言い換えれば、この計算が正しければ、あと七〇〇年くらいは地球外知的生命体が地球を襲ってくることもありません。

その間に、いろいろ研究しておくことがあります。

地球外知的生命体の意図をどのように把握するか。

地球外知的生命体にどのように意思を伝えるか。

地球外知的生命体が地球を襲う理由はあるのか。もし、あるとするとそこから逃れる手だてはあるのか。

研究に費やせる時間は七〇〇年くらいありますから、何とかなるかもしれません。

知的文明の寿命

ここでもう一つ、忘れてはならないことがあります。それは知的文明の寿命です。天の川銀河の中での知的文明の数を計算するときに知的文明の平均寿命が関係してくるからです。

今、地球文明は電波を使う文明に到達しました。もしほかの電波文明が同時に存在していれば向こうの電波を検出したり、こちらの電波が向こうに検出されたりします（実際は電波が届くのにかかる時間を考えなければいけませんが、ここではこの問題はおいておきます）。ところが、すでに向こうの電波文明が滅びていれば、電波はもう出しませんし、こちらの文明の電波を検出することもありません。

そこで、現時点で天の川銀河の中の電波を使っている文明社会の数を数えるときには、文明の平均的な継続時間を考えなければいけません。銀河の年齢は約一〇〇億年ですが、例えばある一つの文明が継続する時間を一億年とします。すると、天の川銀河の年齢一〇〇億年のうちの一〇〇分の一の時間でしか、その文明は存在していません。今現在、その文明が存在している確率は一〇〇分の一しかありません。

先ほど紹介した、天の川銀河に現在二〇万個も電波を使っている文明社会があるという推定は、電波を使う文明の平均寿命を一〇〇万年と仮定した場合の値です。もし、天の川銀河全体を探しても電波を使う文明が一つも見つからなかったとすると、電波文明の平均寿命は五年となり、大変短いことを意味します。

つまり、今電波文明が天の川銀河に見つからないということは、現時点で電波文明は地球文明一つだけということになります。それは、二〇万個の電波文明が現在ある場合の二〇万分の一です。電波文明が二〇万個という数は一〇〇万年という平均寿命から計算したので、一つしか電波文明がないということは寿命が一〇〇万年の二〇万分の一、つまり五年であるということを意味しています。

天の川銀河にほかの電波文明が見つからない場合には、私たちの文明もそう長くは続かないかもしれません。文明の平均寿命が長ければ、誕生した文明が長続きするので、一時期に同時に存在する文明の数が比例して増えます。見つかる文明の数が少ないということは、他の推定が変わらない場合、文明の平均寿命が短いことを意味しています。我々の文明もその平均寿命からずれる理由はありません。

たくさん見つかれば、電波を使う文明の平均寿命が十分に長いことになります。天の川銀河の中に電波を使う地球外文明がたくさん見つかるといいのですが。

中心星から知る系外惑星の姿

二〇世紀末以降、系外惑星が次々と発見されていますが、そのなかで、地球よりも大きな惑星に「スーパーアース」という名がつけられました。二〇二一年現在で一〇〇〇個近いスーパーアースが報告されています。

スーパーアースは、地球よりも少し大きい惑星であり、生命の誕生や進化を起こす可能性が高く、その比率は全系外惑星の二〇パーセントほどを占めることがわかってきました。

スーパーアースに知的生命が存在する可能性はあるでしょうか。

スーパーアースには、さまざまなタイプがあります。といっても、系外惑星は遠くにあるため、現在の望遠鏡でその姿や形を見ることはできません。系外惑星を直接観察できる場合もごくまれにありますが、大部分の系外惑星は中心星《ちゅうしんせい》の観察によって間接的に調べることになります。中心星の明るさや色を長時間観測することによって、系外惑星がどのような惑星であるかを知ることができます。

スーパーアースに知的生命体が存在するかどうかを考える前に、中心星と系外惑星の性質を調べる方法に触れておきます。

中心星の光の色からその質量と半径を知る

中心星の光の色を詳しく調べると、いろいろなことがわかります。

中心星の色はおもに中心星の温度で決まります。中心星の色は温度が高いと青白くなります。おおいぬ座のシリウスという星は一万度という高温で、青白く光っています。太陽はそれよりはだいぶ温度が低く、六〇〇〇度くらいで黄色に見えます。さらに温度が低い星、オリオン座のベテルギウスは、温度は四〇〇〇度くらいで赤く見えます。低温といっても鉄の融点は一五〇〇度であり、四〇〇〇度というのは鉄も溶けてしまう温度です。ほかの星とくらべて温度が低いというだけです。

中心星の温度から大きさもわかります。

どの星も内部で核融合《かくゆうごう》反応を起こしています。大きい星は重力が大きく、内部が高温高圧になり、核融合反応が盛んに起きるので、温度が高く青白くなります。逆に、小さい星は重力が小さいので核融合反応はゆっくりと進行して、温度は低く、赤い星になります。つまり、星の色から星の温度だけでなく、大きさ、質量がわかるわけです。星の質量がわかると星の半径もわかります。こうして、星の色がわかるだけで星の質量と半径がわかります。

中心星の明るさから惑星の半径を知る

中心星の明るさを長時間観測していると、光が少し暗くなることがあります。これは、中心星の前を惑星が横切ることによって起こります。この現象は地球での日食《にっしょく》に似ています。日食では、太陽の前を月が横切ると太陽の光を妨《さまた》げるので、太陽の光が暗くなります。同じように、中心星の前を惑星が通過すると中心星の光が暗くなるわけです。

中心星の面積に対して、惑星の面積分だけ中心星の明るさが暗くなります。そこで、中心星の明るさが何パーセント低下するかがわかると、中心星の面積と惑星の面積の比がわかることになります。中心星の半径は星の色からわかっているので、惑星の半径もわかることになります。

何十日かして、また中心星の光が暗くなったとすると、その間に惑星が中心星の周りを一周したことがわかります。すると、その系外惑星の一年、つまり中心星を回る周期がわかります。周期がわかると中心星からどれくらいの距離を惑星が周回しているかがわかります。このように、星の明るさの時間変化を調べることで、惑星を見つけて、その半径や中心星からの距離を知ることができます。

中心星の前を惑星が横切ることをトランジット（transit）とよぶことから、系外惑星を調べるこの方法を「トランジット法」とよびます。

ドップラー法で惑星の質量を知る

ハンマー投げを思い浮かべてください。ハンマーを振り回すと、ハンマー投げ選手の身体はハンマーと反対側に傾きます。同じことが、惑星でも起きています。ハンマーに相当するのが惑星、ハンマー投げの選手に相当するのが中心星です。

惑星が中心星の周りを回ると、中心星は惑星とは反対側を回ることになります。もう少し厳密にいうと、惑星も中心星も共通重心の周りを回っているのですが、中心星の質量が惑星よりはるかに大きいので、中心星は共通重心のすぐそばを回ることになります。この中心星の運動を検出する方法があります。

惑星の軌道面がちょうど地球からの視線方向と平行になっている場合、中心星も同じ面の上を回転することになります。中心星が面の奥から手前に動くとき、光の波長は短くなります。反対に中心星が面の手前から奥に動くとき、光の波長は長くなります。

この光の波長の変化は光のドップラー効果とよばれます。ドップラー効果で系外惑星を調べることができるのです。この系外惑星探査方法は「ドップラー法」とよばれています。

ドップラー法では、ドップラー効果の大きさから中心星の速度がわかります。中心星の速度がわかると中心星の軌道半径（共通重心の周りを回る半径）が計算できます。惑星の軌道半径は惑星の周期から求められます。中心星の質量はわかっているので、中心星の軌道半径と惑星の軌道半径との比から、惑星の質量も計算できます。

だいぶ、長々と説明しました。つまりドップラー法とトランジット法を用いると、系外惑星の半径と質量がわかります。半径がわかれば体積が計算できるので、惑星の密度が求められます。

ドップラー効果とは、動く物体からでる音や光の波長が変わることをいいます。音や光は波です。例えば音は、空気の振動が伝わりますが、空気の振動は伝わる方向に伸び縮みする波です。音を出すもの、例えば自動車のサイレンが近づいてくるとき、空気がこちらに縮むときに自動車がこちらにやってくるので縮む時間が短くなります。空気が伸びるときにも、自動車がこちらにやってくるので、伸びる時間も短くなります。
一回伸び縮みする時間を周期といいます。自動車がこちらにやってくるとき、周期は短くなります。周

期が短いと音は高く聞こえるので、こちらに近づくサイレンの音は高く聞こえます。自動車が遠ざかる場合には、これと反対に周期が長くなるのでサイレンの音は低く聞こえます。

光は電磁波《でんじは》という波ですが、電磁波は電場《でんば》と磁場《じば》が振動する波です。電場と磁場は光が進む方向と垂直に振動するので、音とは考え方が少し変わりますが、やはり光を出すものがこちらに近づくときには周期が短く、遠ざかるときには周期が長くなります。これを光のドップラー効果と言います。

電磁波とは、電場と磁場の変化が空間を伝わっていく現象のことです。

プラスの電荷《でんか》とマイナスの電荷があると、両者のあいだに力が働きます。例えば、乾燥した冬の日に、プラスチックの下敷きで髪の毛をこすると髪の毛が下敷きに引きつけられます。このとき下敷きはマイナスに、髪の毛はプラスに帯電《たいでん》しています。プラスとマイナスのあいだには目には見えない電場ができて両者が引き合っているのです。

アンテナをプラスに、地面をマイナスに帯電させておき、プラスとマイナスの電荷を急に反転したとします。それを遠くで見ていた人は、その変化を瞬時に知ることはできません。電荷が反対になったことは、電場の反転として光の速度で伝わっていきます。

プラスをマイナスに、マイナスをプラスに、というふうに電荷の反転を繰り返すと、これが光の速度で伝わっていきます。これが電波です。電荷の反転は電場と磁場の反転として光の速度で伝わっていきます。

毎秒の電場と磁場の反転数は、「周波数」とよばれます。単位はヘルツで「Hz」と書きます。ラジオは毎秒一〇〇万回程度（三〇〇キロヘルツから三メガヘルツ）反転が繰り返される電波を使っています。テレビは毎秒一〇億回程度（UHFが〇・三から三ギガヘルツ）、携帯電話は一〇億から一〇〇億回程度（〇・三から三〇ギガヘルツ）でプラスとマイナスの電場が反転しています。

単位の表し方として、例えば、メートル（m）やヘルツ（Hz）の前にもう一つアルファベットを書いて

倍数	10^{-12}	10^{-9}	10^{-6}	10^{-3}	10^{-2}	10^{-1}
	1兆分の1	10億分の1	100万分の1	1000分の1	100分の1	10分の1
記号	p	n	μ	m	c	d
読み方	ピコ	ナノ	マイクロ	ミリ	センチ	デシ

倍数	10^{0}	10^{1}	10^{2}	10^{3}	10^{6}	10^{9}	10^{12}
	1	10	100	1000	100万	10億	1兆
記号		da	h	k	M	G	T
読み方		デカ	ヘクト	キロ	メガ	ギガ	テラ

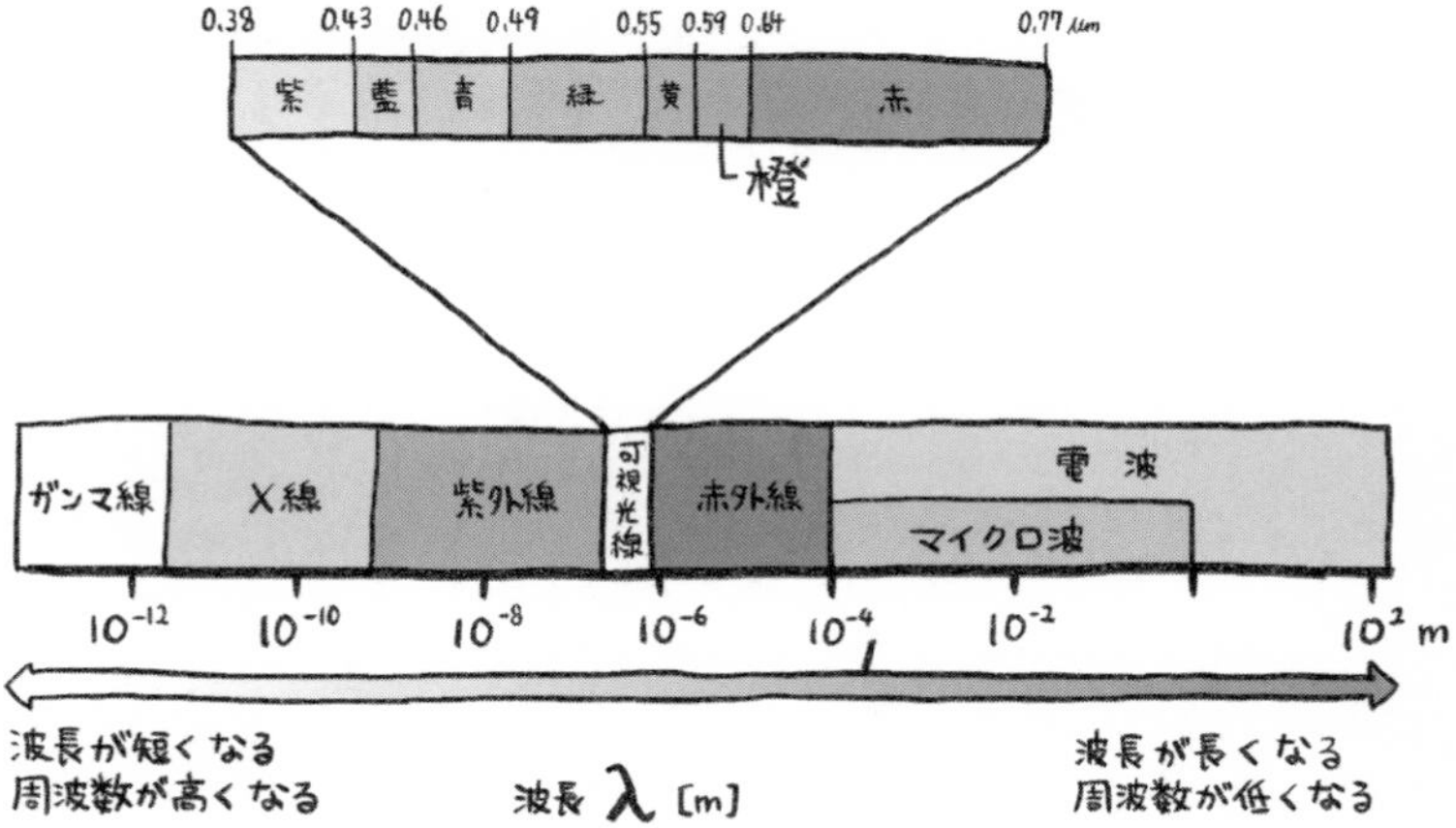

図❺（上）　国際単位系接頭語の名称と記号。国際単位系ではメートル（長さ）や秒（時間）などの単位が決められており、その単位の10のべき数ごとに20の接頭語が決められている。図はその一部
図❻（下）　宇宙観測に欠かせない電磁波の種類

単位の何倍であるかを表します［図❺］。

ラジオやテレビ、携帯電話の電波はアンテナがあって、そこから電波を発します。光も電磁波の一種です。光を出すのは原子なので、アンテナは必要ありません。原子の振動で光が出てきます。

光も電磁波で、電場が振動するので周期があります。光の速度で移動する波には周期によって決まる波長があります。光を含めた電磁波一般の種類を考えるときには波長で説明すると便利です。

太陽や電球の光をプリズムで分けると、波長（λ《ラムダ》）によって異なる色の光に分かれます。一番波長が長いのが赤、一番短いのが紫の光です。可視光より少し長い波長をもつ電磁波が赤外線です。赤外線よりもさらに長い波長をもつのが電波です。一方、可視光線よりも短い波長をもつのが紫外線やX線です。一般に放射線といわれるもののうちで、ガンマ線は電磁波の一種で、X線よりもさらに短い波長をもっています［図❻］。

可能性が高い岩石型スーパーアース

系外惑星が見つかると、トランジット法やドップラー法などの方法で、半径や質量を調べます。半径がわかると体積が計算できるので、惑星の密度も求められます。これまでに見つかったスーパーアースの密度から、いろいろなタイプのスーパーアースがあることがわかっています。

最も低密度のスーパーアースは、主に水素やヘリウムなどのガスでできた惑星です。

「惑星」というと岩石でできている印象がありますが、土星や木星は大部分がガスでできていて「ガス惑星」とよばれています。スーパーアースでも低密度のものはガスでできています。

中密度のスーパーアースは全体が水でできているか、中心に岩石でできたコアがあって周りをガスで取り囲まれた惑星です。高密度のスーパーアースは地球や火星のように岩石や金属でできた惑星です。生命の誕生と進化の可能性が高いのは、この岩石型スーパーアースです。

地球より少し大きな岩石惑星、岩石型スーパーアースは、地球と比べてどのような違いがあるでしょう。

惑星が大きいと、まず重力が強くなります。重力が強くなると、内部が高圧になります。内部が圧縮されるとマントルがコアの熱を吸い上げる効率が悪くなり、コアの対流が活発になりにくいため、磁場が弱いだろうと予想されています。

惑星が大きいとプレートの厚みも大きくなる可能性があります。プレートが地球表面で運動を起こすには、プレートを何らかの力で割って、かつそれを何らかの力で沈み込ませる必要があります。ところが、プレートが分厚くかつマントル対流が弱い巨大な惑星ではこれが難しくなります。

物質循環が起こりにくくなるので、大気の保持には不利です。一方、重力が大きいことは大気保持に有利なのでどちらの効果が大きくなるかはわかりません。大気は地球と同じ程度には維持されそうです。

地球が形成されるときに大気や水の総量がどのように決まったのか、まだわかっていません。

地球の海水の量は一三億五〇〇〇万立方キロメートルあります。地球の体積が一・〇八兆立方キロメートルなので、海水の量は地球の体積のほんの〇・一三パーセントにすぎません。まったく水がないわけでもなければ、陸がなくなるほど大量の水でもありません。この微妙な量の水がどのような過程で地球にもたらされたのかは、わかっていません。

したがって、スーパーアースにどれくらいの深さの海があるかはわかりませんが、密度から考えて水があってもいいスーパーアースが見つかっています。一方、密度から考えて岩石型のスーパーアースも見つかっているので、その中間で適度の海と陸をもつスーパーアースがあるはずです。

適度な水と陸があると生命が誕生する可能性があります。我々の太陽系は銀河の中にありますが、銀河の星は大体、太陽と同じような元素組成をもっています。中心星の周りの元素組成が同じだと大体同じような惑星が誕生します。岩石惑星であれば惑星形成時に全球が溶けたとき、鉄とニッケルでできたコアと、岩石でできたマントルの分離が起きます。同じような惑星もあるはずです。

スーパーアースは地球よりも大きいので、重力が少し強くなります。水中では浮力があるので、生物は重力によってほとんど影響を受けません。ただし生命が岩石型スーパーアースの陸に上がった場合には、その重力の影響を受けることになります。

人間や陸上動物の身体は骨で支えられています。動くためには筋肉が必要ですが、骨についた筋肉が縮むことで、骨と骨をつなぐ関節の角度を変えて、身体を動かします。じっとしているときでも、脚の骨には重力方向の力がかかるので、骨の強度が必要です。

骨の強度は、素材の強度と太さ長さの比で決まってきます。大きな体重を支えるため、ゾウやカバの骨は太く短くなります。重力が強くなると、同じ身体の大きさ（質量）だと骨は太く短いほうが有利になります。

スーパーアースに住む動物たちは、地球の生き物に比べて少し小型だったり、あるいは大型のものはずんぐりむっくりした体型のはずです。

その知的生命体の姿は

スーパーアースには、ガス惑星、水（氷）惑星、岩石惑星とさまざまなタイプがあります。その中から地球と同じように海をもつ岩石惑星だけを取り出せば、重力が少し大きいことを除けば地球との違いはありません。

暗黒星雲《あんこくせいうん》は専門的には「分子雲《ぶんしうん》」とよばれています。分子雲には有機物が大量にあります。また、分子雲の中は物質密度が高く、恒星や惑星が常に生まれている場所でもあります。

こうした場所で恒星も惑星も誕生するので、誕生した惑星には有機物を含む隕石も降り注ぐはずです。スーパーアースに生命が誕生したとすれば、水を溶媒《ようばい》として用いる有機物でできた生命でしょう。

スーパーアースの陸で生命が誕生したとすればＲＮＡ生命かもしれません。遺伝子をＤＮＡに変えるかどうかはわかりませんが、核酸でできた遺伝子をもって、タンパク質触媒を用いて進化する可能性は十分あります。光合成生物が誕生すれば、大気中の二酸化炭素をやがて酸素に変えていきます。酸素が十分に空気中に蓄積すれば、細胞の大型化と多細

図❼　スーパーアースに知的生命が誕生していたらこんな姿に。その環境特性から、地球人類より背が低くずんぐりむっくりとした体形が考えられる

胞化が進行します。

スーパーアースの水の中ではヒレをもつサカナが誕生します。酸素濃度の上昇によってオゾン層ができれば、紫外線が地表に到達しなくなるので、サカナの上陸が始まります。サカナのヒレは脚となり、ヒレの細かい骨は指の骨となります。呼吸をする器官が発達すると、声を出す動物も誕生します。

スーパーアースで身体が直立して二本の脚で立ち上がった動物は、腕を使って道具をつくることができるようになります。ほかの動物を捕獲するために、言葉による意思の伝達を始め、やがてそれを記録する文字が発明されます。意思を伝える方法で電波を使う方法を開発すれば、知的生命といっていいでしょう。

これらが本当に起こるかどうかは、もちろんわかりません。とはいえ、スーパーアースが特に地球と異なる点もないので、地球に起きたのであればスーパーアースで絶対に起きないともいえません。

唯一の違いはスーパーアースの重力が地球よりも少しだけ強い点です。強い重力に逆らうだけの骨や筋肉をもつ必要があり、身長は地球人類よりも少し低いかもしれません。スーパーアースに住む知的生命体は、人類にとてもよく似ていますが、おそらく少しずんぐりむっくりの体格の、しっかりした身体をもっていることでしょう［図❼］。

　言葉や文字が地球のそれらとまったく違ってもおかしくありません。地球にも異なったさまざまな文字や言葉があるのですから。スーパーアースに住む知的生命体と意思疎通するためには、言葉や文字がまったく違う場合の意思伝達法をよく考えておく必要があります。

第四章　タイタンでの可能性

細胞が固体だとどうなる？

天の川銀河にある私たちの太陽系、その中で我々の知る知的生命は地球人類だけです。第一章と第二章で見たように、地球に知的生命が誕生するには水が必要でした。太陽系の惑星で表面に液体があるのは地球だけということから考えれば、太陽系以外の惑星に知的生命が誕生する可能性は低いことになります。土星《どせい》の衛星（月）の中で最大のものを「タイタン」とよびますが、このタイタンの表面にはメタンとエタンでできた湖が見つかっています。ここに知的生命が誕生する可能性はないでしょうか。

生物と液体との関係を見ていきながら、タイタンに知的生命が生まれるとしたらどんな姿なのかを想像してみることにします。

地球の生き物すべては液体の水を主成分とする細胞でできています。液体に溶けた化学物質が反応して細胞の働きを荷《にな》っています。筋肉細胞や神経細胞を想像すると、細胞が働くという感じがわかります。

筋肉や神経以外にも、皮膚や内臓などのさまざまな臓器には、さまざまな種類の細胞があります。これらのさまざまな細胞では、細胞の中に含まれる水の中でさまざまな化学反応が進行しています。言い換えると、細胞の中で化学反応を起こすためには水が必要なのです。

かりに、細胞が水でなく氷や石のような固体でできていたとしたらどうなるでしょうか。氷や石の中でもいくつかの反応は起きるかもしれませんが、問題は固体の中では分子の拡散が非常に遅いことです。液体と比べると拡散はほとんど起きないといっていいほどです。すると反応速度はきわめて遅くなります。

さらに固体の細胞があったとしても、その形を変えるのはほとんど不可能です。したがって、ゴーレムのように石でできた巨人がいたとしても、まったく動かないか、すくなくとも我々がじっと見ているあいだには微動だにしないでしょう［図❽］。

将来、固体の細胞でできた生き物に会うかもしれませんが、挨拶《あいさつ》しても返事がくるまで待ちきれないので、付き合うのはやめておいたほうがよさそうです。挨拶をしたあとその場を去り、数年後にまた同じ場所に行くと相手は数センチ動いている……というようなことはあるかもしれませんが。

細胞が気体だとどうなる？

それでは、気体でできた細胞ならどうでしょう。問題は、気体の中にさまざまな分子を溶け込ませることが難しい点です。

地球生物の細胞では、タンパク質、糖、核酸《かくさん》などの分子やイオンが溶け込んでいますが、これらのどれ一つとっても気体の中に溶かすことはできません。気体の中にこれらの分子を置いておいたとしても、固体の塊《かたまり》の状態でそこにあるだけで、気体に溶けることはありません。したがって、もし気体でできた細胞があったとすると、水でできた細胞とはまったく別の反応をする細胞である必要があります。

気体の中に溶け込むことができる分子は、電荷《でんか》をもたない低分子量の分子に限られます。電荷をもっていると、ごくごく低濃度の場合にはいいのですが、少しでも濃度が高いと陽電荷のイオンと陰電荷のイオンが結合して塩《えん》となって固体となります。

電荷をもたない低分子量の分子というと、水素、窒素《ちっそ》、酸素、アンモニア、低分子量の脂肪酸《しぼうさん》、低分子量の炭化水素、低分子量のアルデヒド、低分子量のアミンなどです。

これらの分子の中には反応性をもつものもあるので、反応は起こります。これらの低分

図❽　固体細胞は液体細胞と比べて分子の反応速度が遅い。地球人類からすれば、(ゴーレムのような) 固体細胞生物は動いているようには見えない

子の化合物で反応して活動を維持できれば、気体でできた細胞もありうることになります。

ただし、気体でできた細胞では、遺伝の仕組みをもつ分子ができないことが問題です。遺伝の仕組みを構成するもっとも小さい分子は、二〇〇文字程度の核酸（ＲＮＡ）分子です。この最も小さい核酸分子でも気体の中に溶けることはありません。

遺伝の仕組みを維持するためには、何らかの形で分子が並ばないといけません。分子が並ぶということは、分子量が大きくなることを意味しています。そして分子量が大きくなると、気体の中には溶けなくなってしまいます。つまり、気体でできた細胞がかりにあったとすると、遺伝の仕組みをもたないか、我々の知る仕組みとはまったく違う遺伝の仕組みをもっていないといけないことになります。

それでもともかく、気体でできた細胞が誕生したとします。次の問題は、「構造」を保つのは難しそうなことです。気体でも例えばシャボン玉のような構造はあるので、丈夫なシャボン玉ができれば気体でできた生き物がいてもよさそうです。

泡の大きさを一ミリよりも小さくすれば構造はだいぶ丈夫になりますが、泡より丈夫な「膜構造」が必要です。丈夫な膜構造体をもつ細胞は重くなるので、細胞の中は気体だとしても、もう大気中を高く漂うことはできません。地表近くを漂う細胞になります。

次の問題は、多細胞化がどのように起きるかということです。多細胞化して身体が大きくなったとき、身体が軽いと、大気の動き、風に対して抵抗しにくくなります。大気中を風に任せて、あてどなく動き回る生物になります。

かりに地上でしっかりと立つ気体細胞の生き物がいたとすると、表皮は丈夫な構造体で、おそらくそれなりの骨ももつようになるはずです。細胞そのものは気体でできていても、見た目は液体細胞の生物と変わらないでしょう。

とすれば、気体の細胞でできた大型の生物がいたとしても、液体の細胞でできている場合と見た目は変わらないと考えておいてよさそうです。つまり、大型の生物は、気体細胞でも液体細胞でもほぼ同じということにして、この本ではこれ以上考えないことにします。

水はどこに

では、タイタンの話に戻りましょう。

太陽系の天体表面には、どのような液体があるでしょうか。地球の「水」が我々の最も身近にある液体です。現在の火星《かせい》や金星《きんせい》の表面には液体の水はありませんが、四〇億年前には火星にも金星にも表面に液体の水があっただろうと推定されています。

木星と土星の衛星のいくつかは、表面が氷で覆《おお》われています。これらは「氷衛星《こおりえいせい》」とよばれています。天王星《てんのうせい》や海王星《かいおうせい》、冥王星《めいおうせい》も表面は氷で覆われています。木星よりも遠くの惑星や衛星は温度が低いので、水があっても凍っています。

水をもつ凍った惑星や衛星の表面は氷で覆われることになりますが、水は凍って氷になると、軽くなる性質があります。氷の下には水がある可能性があります。

これらの氷衛星や氷惑星の内部は岩石でできています。岩石中にある元素の中には、ゆっくりと崩壊して熱を出す元素が含まれているため、温度が上がった惑星や衛星の中心から外側に向かって熱が移動します。氷は熱を伝えにくいので、氷の下に熱がたまり、やがて氷が溶けて氷の下に湖や海ができ上がることがあります。

実際、木星の衛星「ユーロパ」や土星の衛星「エンセラダス」では、表面の氷の下に海が広がっていることが推定されています。

では「タイタン」はどうでしょうか。

タイタンの表面は超低温で、氷の平原で覆われていますが、氷表面のところどころに、液体のたまった湖があることがわかりました。大きなものでは北アメリカの五大湖の一つ、ミシガン湖ほどの大きさがあります。

温度が低いので、水の湖ではありません。タイタンの大気の主成分は窒素なのですが、それに加えてメタンとエタンがかなりの濃度で含まれています。タイタンの表面に見つかった湖は、メタンとエタンの液体でできているだろうと推定されています。

細胞が誕生する可能性

タイタンの表面温度は約マイナス一八〇度、水は完全に凍っています。大気は窒素が主成分で、メタン、エタン、水素、アセチレンなどが含まれています。特徴的なのはタイタンの靄《もや》です。

タイタンの大気上空は靄に覆われていますが、これはメタンやエタンが反応してできた高分子の有機物であることがわかっています。高分子有機物はメタンの雨によって地表に集まり、メタンの海に運ばれます。メタンの海は高分子有機物でドロドロの状態かもしれません。

地球の生き物の細胞は、細胞液が脂質膜で囲まれてできています。脂質膜をつくる分子は分子量数百くらいの大きさの分子で、比較的大きな分子です。これに対してタイタンの表面温度は大変低いので、脂質膜分子よりずっと小さい分子、アクリロニトリルなら膜をつくることができるのではないかと推定されています。アクリロニトリルは分子量53で、タイタンにあることがわかっています。

地球の生き物の多くは、植物がつくった有機物を直接間接に利用して、これを酸素と反応させたときに得られるエネルギーで生きています。タイタンの大気には酸素が含まれていませんので、地球の生き物と同じ方法でエネルギーを獲得することはできません。しかし、ほかの方法でエネルギーを得ることができるかもしれません。

例えば、メタンの大気には水素やアセチレンが含まれているのですが、この二つが反応すれば、そこからメタンをつくることができ、そのときにエネルギーを得ることができます。タイタンの生物はアセチレンと水素からエネルギーを得ているかもしれません。

地球上の生物は、ＤＮＡでできた遺伝子をもっています。タイタンの生命の遺伝子はどうなっているのでしょう。タイタンの温度は大変低いので、遺伝子は高分子である必要はないかもしれません。「ベンゼン環《かん》」をもつ平たい核酸塩基《かくさんえんき》のような構造が、相互作用して、階段状に並ぶだけで遺伝情報を保存できるかもしれません。温度が低ければ、平たい分子構造をもつ分子がファンデルワールス力で柱状の構造を維持できるかもしれないからです。

高分子有機物があり、膜になる材料も、エネルギー源も、遺伝物質もあれば、タイタンの表面では細胞が誕生するかもしれません。

生物とエネルギー

生物が生きていくためにはエネルギーが必要です。たとえば動物は食べ物の中の有機成分と空気中の酸素を反応させてエネルギーを得ています。エネルギーは、運動や脳の活動のほか、細胞を分裂させて身体をつくったり、食べ物を消化したり、栄養素を分解したりする化学反応など、すべての生命活動に使われます。

紙を大気中で燃やすと紙の成分と空気中の酸素が反応して、水と二酸化炭素になります。このときにエネルギーが熱として放出されます。動物も炭水化物（糖）を酸素と反応させています。ただし、動物は炭水化物と酸素を一気に反応させるのではなく、さまざまな複雑な反応を組み合わせて二酸化炭素と水にします。その反応から、エネルギーを熱ではなくＡＴＰ（アデノシン三リン酸）という分子の形で取り出すことができます。動物は取り出したＡＴＰの形のエネルギーを利用してさまざまな生物活動に使います。

生物の種類によっては、炭水化物と酸素以外のさまざまな分子からエネルギーを取り出すことができます。地球の温泉や海底熱水地帯にいるメタン菌という微生物は、複雑な反応を組み合わせて二酸化炭素と水素からメタンをつくり、エネルギーを取り出しています。

タイタンで生物がいた場合には、その組み合わせがエチレンと水素かもしれません。エチレンと水素も反応して熱を出します。タイタンの生物がエチレンと水素を一気に反応させるのではなく、さまざまな反応を組み合わせることで、エネルギーを取り出せるかもしれません。

なお、この本ではわかりやすさを優先して、エネルギーという言葉で解説しました。厳密な言い方をすると、エネルギーは自由エネルギー差とよぶのが専門的な呼び方です。本書では、自由エネルギー差を単にエネルギーという言葉に置き換えています。

低温での分子の構造

温度を下げると水は氷になります。水分子は水中を動き回っており、その速度は温度が高くなるほど速く、温度が低くなると遅くなり、ある温度で隣の分子とくっついて動かなくなります。これが氷です。氷の状態では水の分子はブルブルと震えていますが、隣の水分子から離れることはありません。タイタンの温度は非常に低いので、水は氷となっています。

メタンとエタンは地球上の温度では気体ですが、タイタンの表面温度では液体となります。低温で液体となったエタン–メタン混合物にさまざまな分子が溶けた場合にも、温度が低いので溶けずに氷のような構造をもつ可能性があります。

たとえばアクリロニトリルの分子の状態を計算機で計算してみると、低温では膜構造を取り得ることがわかりました。核酸塩基のようにベンゼン環（厳密には複素環）をもつ分子もエタン–メタンの混合液中に溶けたとき、低温ではベンゼン環が積み上がった構造を取るかもしれません。核酸塩基のように水素結合を取り得る分子は二つならんで、相互作用してもおかしくありません。ただし、これらは今のところ単なる推定で、実験は行われていません。

メタンの湖での進化

タイタンの湖で生命が誕生したとして、どのような進化をとげるでしょう。進化を考える上で気になるのは、エネルギーが十分に手に入るかどうかという点です。

地球では、生命が誕生してから大きな細胞をもつ真核生物《しんかくせいぶつ》が誕生するまでには二〇億年かかりました。酸素がほとんどない状態から、二〇億年で酸素濃度が一〇〇倍以上に増加して、大気の〇・二パーセントになり、これが真核生物誕生のきっかけとなったようです。酸素濃度と真核生物誕生の関係はあまりよくわかっていませんが、酸素と有機物が反応すると、有機物だけの反応に比べてはるかに大きなエネルギーを得ることができます。これが、真核生物誕生のきっかけとなったと推定されています。

類似のことが、単細胞真核生物が多細胞になる時期にも再度起きています。つまり、それまで〇・二パーセントだった酸素濃度が、今から数億年前に二〇パーセントにまで増加しました。これが真核生物が多細胞化するきっかけとなったと推定されています。

「推定される」という頼りない説明をしたのには理由があります。酸素濃度が上昇した時期と、細胞の大きさが増加した時期はともに二〇億年ほど前で一致しています。二回目に酸素濃度が上昇した時期も、生物が多細胞化した時期もいずれも数億年前で、一致しています。また、酸素によってエネルギーを多く利用できることは確かですし、そのほかに、細胞大型化や多細胞化が進むために必要な成分が酸素を用いた反応でつくられたと言っている研究者もいます。ところが、本当にそうかと聞かれたときに「はい」と答えられるだけの実験は行われていません。

こんなあいまいな状態ではありますが、かりに酸素と有機物の反応のように大きなエネルギーを得られるような反応が多細胞生物誕生のために必要だとします。タイタンでこのように大きなエネルギーを得られるような反応が実現するでしょうか。それは今のところ望み薄です。

土星は地球に比べて太陽からはるかに遠いので、太陽の可視光線はとても弱くなります。もっとも光の粒子、光子《こうし》一つあたりのエネルギーは地球と変わりません。地球の植物はクロロフィルという分子で光合成を行っています。タイタンの生物にもクロロフィルのように可視光線と効率よく反応することのできる分子が誕生すれば、光合成が始まるかもしれません。しかし、タイタン大気中に酸素は見つかっていませんので、水を分解して酸素を出す光合成は誕生していないはずです。

タイタン大気で多量に起きている反応はラジカルが関与する「ラジカル反応」です。ラジカルとは、電子の数が奇数で、対をなしていない電子をもつ分子のことです。生物がおこなう反応の大部分では、反応する分子も、反応の結果できる分子も、電子を偶数個もっているという特徴があります。電子を偶数個もつ分子に比べて、ラジカルは反応性が高いという特徴をもっています。

太陽は太陽風《たいようふう》とよばれる、電子や陽子などの荷電粒子を吹き出しています。太陽風は土星の磁気圏に引き込まれ、タイタンの大気にぶつかってラジカルをつくります。ラジカルは反応性が極めて高いので、さまざまな反応を引き起こして、すぐに安定な分子である有機化合物に変わってしまいます。つまり、タイタンの大気圏《けん》上空でできたラジカルが地上まで届くことはありません。

地球の光合成によって蓄積した酸素と有機物の反応は大変強力ですが、タイタンには酸素がないのでこれと比較できるだけの反応は地上付近では起きそうもありません。タイタンには大型の細胞や多細胞生物は誕生していないかもしれません。さらに難しいのは、タイタンの表面が超低温であることです。一般に温度が高いほど反応は早く進行します。超低温では反応速度は遅いので、タイタンの湖に誕生した細胞の中で行われる反応も遅く、したがって進化も遅いかもしれません。

「タイタンのサカナ」が泳ぐとすれば

とはいっても、もちろん我々の知らない反応や仕組みによってタイタンで誕生した生物が多細胞化することがないとは断言できません。かりにタイタンで多細胞生物が誕生すれば、どのような生き物になるでしょう。

地球で誕生した初期の多細胞生物の化石はそれほど残っていません。残っている化石も、単なる細胞の形か渦巻き状のものが大部分です。渦巻き状のものは、線状につながった細胞が丸まったものと思われますが、それが動物か植物か、どのような生物かはわかりません。

多少形がハッキリしてくるのは六億年前から五億四〇〇〇万年前の地層から発見された「エディアカラ生物群」（オーストラリア南部のエディアカラの丘で発見された化石群および同時期の化石群）です。身体は数十センチとかなり大きくなっていますが、依然、動物なのか植物なのかすら、はっきりしません。

五億二七〇〇万年前から五億一五〇〇万年前の地層で見つかった「バージェス動物群」（カナダのロッキー山脈のバージェス頁岩《けつがん》という地層で発見された化石群および同時期の化石群）になって初めて、さまざまな形状の動物が当時誕生したことがわかります。これらの動物はおそらく海の底で這《は》っていたか、あるいは水中を泳いでいたと推定されています。

地球には現在、二〇から三〇の動物門《どうぶつもん》（動物を身体の構造や発生過程によって分けたグループ）があります。脊索動物《せきさくどうぶつ》（魚類、両生類《りょうせいるい》、爬虫類《はちゅうるい》、哺乳類《ほにゅうるい》など）、節足動物《せっそくどうぶつ》（昆虫、クモ、エビ、カニ、サソリなど）、軟体動物（イカ、タコ、カタツムリ、二枚貝など）などはそれぞれ、別の動物門です。これらの動物門の当時の生物は、おそらく海の底を這うか海の中を泳いでいました。

地球の水の中を泳ぐ生物の泳ぎ方はさまざまですが、例えばウナギやサンマ、マグロは身体とヒレを左右にくねらせて泳ぎます。イルカは魚ではなく哺乳類《ほにゅうるい》ですが、身体を上下にくねらせて泳ぎます。ヒラメやカレイは身体の両側のヒレの部分だけを上下にくねらせて泳ぎます。ともかくも、身体とヒレを上下か左右にくねらせることが泳ぐための手段のようです。ヒレはくねらせたときの推進力を得るためと、移動する方向を調整するために使われています。

メタンの湖でも、もし多細胞生物が誕生すれば泳ぐか底を這い回ると思います。メタンの中でも、ヒレをもって上下か左右に身体をくねらせて泳ぐ「タイタンのサカナ」が誕生するはずです。

ただし、地球の海でも身体の小さい動物は、自分の力で海の流れに逆らうことはできないので、せいぜい姿勢の微調整をする程度で、流れに身を任せるか、海の底に貼り付くか、底に潜《もぐ》り込んでいます。メタンの湖でも同様に、身体の小さい生物は、流れに身を任せるか、海の底に貼り付くか潜り込んでいることでしょう。

ところで、地球の貝類は殻《から》をもち、魚類は身体の中に骨格をもっています。いずれも、有機物ではなくカルシウム塩をもとにした硬い構造です。海のカルシウムは地殻の岩石から溶け出したものです。

一方、タイタンのメタンの湖は、氷の上にできていて岩石とは接触していません。タイタンの湖にはおそらくカルシウムはほとんど含まれていないはずです。タイタンの表面の大部分は氷で、メタンの湖の底も氷なので、カルシウムは溶け出してきません。

もし、タイタンのメタンの湖に、貝や魚の骨のように硬い構造をもった動物が誕生したとしたら、氷を使って硬い構造を実現しているかもしれません。とすれば、タイタンの生き物を捕《つか》まえて、地球の宇宙船に入れるときには要注意です。温度が上がると殻や骨が溶けてしまうかもしれないからです。零度以下に保持したまま地球にもち帰りましょう。

知的生命体がいるとすれば

地球の陸には節足動物や貝類（カタツムリ）、脊椎動物が上陸しました。メタンの海から氷の陸に上がった動物も、湖の中で使っていた移動手段を陸用に改良して陸で移動するはずです。節足動物型ならば多数の外骨格《がいこっかく》の脚を使って、貝類型は有機物性の脚を使って、脊椎動物型は氷でできた骨をもつ内骨格《ないこっかく》の脚を使って移動するはずです。

陸に上がった小型の動物は重力があっても特に問題なく移動できます。では、どれくらい大型の生物まで上陸するかは、エネルギー源となる餌《えさ》がどれくらいあるかにかかっています。

これまでに考えてきたエネルギー源は、大気中に含まれるアセチレンと水素からのメタン生成ですが、アセチレンと水素からそれほど大きなエネルギーを得ることはできません。結局、タイタンでは単細胞生物以上のそれほど大きな生物は誕生しそうにありませんし、少し大きな生物がタイタンのメタンの湖の中で誕生したとしても、上陸するのは小さい生物に限定されるでしょう。

それでも、大型生物が上陸したとすればどうでしょうか。組成は地球とまったく異なりますが、タイタン表面には一・四五気圧の大気がありますので、音波での通信や会話が可能です。耳をもって、音で会話することができます。太陽からはだいぶ遠いので、光は弱いですが、可視光もありますので、眼をもって可視光で外界を観察することも可能です。他の動く生物を餌とする生物も誕生するでしょう。それらの生物は餌となるほかの生物を効率よく捕獲するため、神経系や脳をもつはずです。眼、口、耳、脳と頭をもった大型生物が誕生するかもしれません。その大型生物が道具をつくり始めたとしたら、二本の腕と指をもっているはずです。重力は地球とほぼ同じなので、身体の大きさも地球人類と同程度、二メートル弱でしょう。

そう、タイタンに知的生物がいるとすると、地球の人間と同じような姿のはずです。ただし、骨格があったとしてもカルシウムではなく、氷でできています。歯も氷でできています。間違っても、地球からきた宇宙船に招待してはいけません。骨をもつタイタンの知的生命体が中に入ると歯と骨が溶けてグジャグジャになってしまいます。

それだけでなく、体温が上昇して細胞内の液体のメタンは気化してなくなります。遺伝子も膜も低温では構造を保ちますが、温度が上がると構造を失って液体となり、宇宙船の床に広がります。

宇宙船にも被害が及びます。気化したメタンが宇宙船内の酸素を含む空気と混じると、爆発する混合気体となります。だれかが電気器具のスイッチをいれて火花が飛ぶと、宇宙船内で爆発が起こります。宇宙船は圧力差に対しては頑丈《がんじょう》につくられていますので、宇宙船の外壁が壊れることはないと思いますが、内装の強度はそれほど強くはないので破壊されます。

宇宙船内の製品や塗装は難燃性になっているので燃え広がることはないですが、中にいる人は爆風を免れることはできません。タイタンの知的生命体を宇宙船内に招くのはタイタン人にとっても地球人にとっても致命的です。決してタイタン人を宇宙船に招いてはいけません。

タイタンの知的生命体と会うときは地球からきた宇宙船の外で会う必要があります。例えばタイタン人とパーティをするときには、宇宙船の外にテントを張って、地球人は断熱保温宇宙服を着て参加する必要があります。ときどきメタンの雨が降るので、屋根のあるテントが必要です。

地球人のほうは宇宙服を着ていますから飲み食いすることはあきらめて、ダンスをするだけにします。タイタン表面の温度が大変低いので、タイタン生命体の化学反応の速度は大変遅くなります。利用できるエネルギーも少ないので、かりにタイタンの知的生命体がタイタンの陸上で動けるとしても、とてもゆっくりとしか動けないでしょう。

もっとも、タイタンの表面マイナス一八〇度の世界に人類が降り立ったとすると、宇宙飛行士は厚い断熱材の入った宇宙服の中、宇宙服の指先もモコモコの状態ですから、宇宙飛行士も速く動くことはできません。双方ともゆっくりと動くのでちょうどいいかもしれません［図❾］。

ただし、地球人の意識は地球上と同じ速度で働くので、イライラすることこの上ない状態になります。タイタン人とのパーティでは地球人は飲食ができず、ダンスをしても超低速で、我慢強さを試されます。じっと我慢するしかありません。パーティを開催するのだとすれば、外交上の理由によります。地球人にとってはあまり楽しくないですが、外交官にとっては我慢することも重要な仕事の一つです。

『タイタンの妖女』を読む

ここまでは、現時点で考え得る科学的な知識をもとに、タイタンの知的生命を想像してきました。この章の最後で触れるのは、タイタンを題材にした有名なSF小説です。『タイタンの妖女《ようじょ》』（カート・ヴォネガット・ジュニア、一九五九年）は古典ではありますが、高度な物理的知識が豊富に取り込まれたSF小説です。

『タイタンの妖女』の原著（英語）の書名は『The《ザ》 Sirens《セイレーンズ》 of《オブ》 Titan《タイタン》』です［図❿］。タイトルに使われている「セイレーン」（ハヤカワ文庫『タイタンの妖女』では「サイレン」）は、ギリシア神話に出てくる河や海の中に住む女の妖精《ようせい》です。セイレーンは歌を歌って船乗りを河や海の中に引き込みます。ドイツのライン川にいたローレライもセイレーンの一種です。セイレーンは消防車や救急車のサイレンの語源ともなっています。

「妖女」はセイレーンの訳としては少しずれているように思います。妖女というとかなり妖怪な女性という印象ですが、小説に登場するセイレーンはそうではありません。妖精というのも、日本人にとっては小さくて飛ぶ妖精を思い浮かべてしまうので少しずれます。

図❾　タイタン表面は低温で酸素がなく、メタンの雨が降ることがあるので、地球人類にはテントと宇宙服が必要。またタイタン人の細胞内での化学反応は非常に遅いため、地球人類からすれば非常にゆっくりとしか動けない

「タイタンのセイレーン」あたりが内容に合っているかもしれません。

物語は壮大でかなり複雑です。宇宙ＳＦ小説の傑作の一つです。主人公たちは太陽系を旅したあと、土星の衛星タイタンに到着します。物語に登場するタイタンは土星最大の衛星であるということで、太陽系のタイタンを想定しています。タイタンには大気があるというところまでは太陽系のタイタンと同じなのですが、そのほかの設定は実際のタイタンとはかなり異なっています。

物語のタイタンは大気が一気圧ほどで、呼吸をするのに十分な酸素を含んでいます。太陽系の実際のタイタンの大気圧は一・四五気圧で、主成分は窒素であり、酸素はまったく含まれていません。

物語のタイタンは中核に天然の化学反応炉《ろ》をもっており、これによって摂氏二〇度という温度が保たれています。実際のタイタンはマイナス一八〇度ほどです。また物語のタイタンには三つの淡水をたたえた海があり、それぞれ北アメリカのミシガン湖ほどの大きさをもっています。太陽系の実際のタイタンの湖はミシガン湖ほどの大きさですが、本章で説明したように、水ではなく液体のメタンとエタンをたたえています。

物語のタイタンは、土星を回る最大の衛星であるという点や大きさ、大気をもつことなど、実際の土星の衛星タイタンをモデルとしています。しかし、その環境はむしろ地球人

図⑩　『タイタンの妖女』は、アメリカの現代を代表する作家の一人であるカート・ヴォネガット・ジュニア（のちにカート・ヴォネガット）によるＳＦ小説（1959年刊行）。この書影は邦訳『タイタンの妖女』（浅倉久志訳、2009年、ハヤカワ文庫SF）

にとって快適な環境を想定しています。

機械がつくる機械は生き物か

『タイタンの妖女』のタイタンには一人の別の生き物がいました。生き物の名はサロ。サロは小《しょう》マゼラン雲《うん》にある別の島宇宙からやってきたトラルファマドール星人でした。彼の身長は四フィート半、一三七センチほどしかありません。皮膚《ひふ》は地球のミカンのような色《いろ》艶《つや》で、三本の脚があります。脚は球状で風船のようにふくらませると水上を歩いて渡ることができ、すぼませると吸盤となって壁を伝《つた》い歩くこともできます。

トラルファマドール星で、トラルファマドール星人たちはお互いを製造し合っているのだそうです。その昔、トラルファマドールには機械とはまったく異なった生物が住んでいました。その生物は自分らに奉仕させるための機械を製造しました。その生物たちは自分たちの「存在の目的」を探していたのですが、目的がないことを知り、絶望して自ら滅びてしまいました。

自らをつくり続ける機械たちであるトラルファマドール星人の中から選抜されて、ある重要な使命を帯びて派遣されたのがサロです。ところがサロの乗った宇宙船が故障して、サロはタイタンに不時着しました。サロは、宇宙船の部品が届けられるのを待っているところでした。

機械が機械をつくるようになったとき、それは生き物といっていいのでしょうか。生物哲学、生命の定義という研究分野でも、「生き物といっていい」という研究者と「そうでない」という研究者の両方がいます。これは生き物をどう定義するかということによって変わってしまうからですが、研究者の中で生命の定義についての一致がありません。したがって、機械をつくっている機械が生き物かどうか、結論が出ていません。

機械が機械をつくるといっても、地球の哺乳類のように母親の機械から機械が誕生するとは思えません。おそらく、機械が設計して機械が建設した工場で機械が生産されるのでしょう。すると、これは生命とはいいにくい気もします。

ところがミツバチの集団を考えてみましょう。女王バチはタマゴを産むことを専業とするハチです。働いてミツをとることも、誕生した幼虫の世話ももっぱら働きバチが行います。機械を生産する工場は女王バチで、ほかの機械たちによって支えられていると考えると、ハチの社会と、機械が機械を生産する社会に違いはあまりないようにも思えます。どうでしょう、機械が機械を生産する社会は生き物の社会といっていいのではないでしょうか。

第五章　地球の生物に似ている可能性

高度な知的活動は爬虫類にも可能

サイエンスフィクションとよばれる映画や小説にはしばしば、宇宙人が登場します。欧米人が昔からイメージとしてもっている宇宙人の代表は、皮膚《ひふ》が緑色をして、首が少し細長く、眼が大きく、細長い顔と首、痩《や》せた体つきで髪の毛はありません。ただし、これはどちらかというと、一九五〇年代から一九八〇年代にアメリカで流行《はや》った宇宙人です。近年では、爬虫類《はちゅうるい》型や外骨格《がいこっかく》型の宇宙人が増えてきたようです。

どこか遠くの星で生命が誕生したとして、サイエンスフィクションで描かれているような、どこか地球の生物に似ているような知的生命に進化する可能性はどれくらいあるのでしょう。

まず、地球人類が属する哺乳類《ほにゅうるい》と、地球の爬虫類《はちゅうるい》との違いを見ておきます。そこから、爬虫類型の知的生命が誕生する可能性がどのくらいあるのかを考えることにしましょう。

哺乳類の子供は母親の子宮で育ち、母親から生まれます。爬虫類の子どもはタマゴから生まれます。タマゴより、子宮の中のほうが子供を安全に育てることができます。外敵に襲われても、母親はおなかの中の子供（胎児）と一緒に逃げることができるからです。タマゴだと、タマゴを抱えて逃げる必要がありますが、たくさんのタマゴを産むと、それは困難です。この点では、タマゴを産む爬虫類のほうが不利です。

四本の脚で身体を支えると、ものを運ぶのには不便です。身体を支える役割から手が解放されないと、ものをもったり運んだりすることができません。ただし、哺乳類にも爬虫類にも四本の脚のうちの前の二本を地面から離して自由に使えるようになった種類がいます。この点では哺乳類と爬虫類とでどちらが有利、とはいえません。

哺乳類は子宮の中で子供が大きくなるまで育てることができますが、この違いが「知的生命の誕生」にどれくらい関係するかは一概にいえません。

恐竜の中には、脳がかなり大きくなった種類もいます。また、爬虫類と同じ仲間と現在は考えられている鳥類に、道具や言葉を使う種類があります（後述）。つまり爬虫類は高度な知的活動ができることがわかります。タマゴから誕生した爬虫類が知的生命を生み出してもよさそうです。

じつは哺乳類と大差がない

これまで、爬虫類はタマゴで生まれると理解されていました。ところが、最近の恐竜の研究から恐竜の中に胎盤をもつ種類がいたことが明らかとなってきました。

現存する爬虫類の一種、マツカサトカゲもタマゴではなく、子供を母親の胎内で育てます。母親の胎内には哺乳類の胎盤と同じような構造があり、子供（胎児）はそこから栄養素を吸収して大きく育ちます。その結果、生まれてくる子供は、母親の大きさの三分の一ほどに成長しています。タマゴと違って、おなかの中で育つ子供は他の捕食者から食べられてしまう危険も減ることになります。

中生代《ちゅうせいだい》（二億五二〇〇万年前から六六〇〇万年前まで）、多くの種類の恐竜がいましたが、その中に、海に住む恐竜の仲間がいました。「魚竜《ぎょりゅう》」とよばれています。

魚竜の中には、タマゴではなく、子供を母親の胎内で大きく育てることのできる胎盤をもった種類がいたことがわかっています。つまり、爬虫類も哺乳類と同じように、子供をタマゴではなく大きくなるまで母親の胎内で育てることができるわけです。哺乳類と爬虫類の差は、あまりないことになります。

哺乳類の中でも、人類はほかの哺乳類と違う特徴をもっていることも知られています。人類以外の哺乳類や爬虫類の子供は生まれてすぐ歩き始めますが、人類の子供は生まれてから長期間の育児が必要です。生まれた赤ん坊は、やがてハイハイして、誕生後一年ほどすると歩き始めますが、そのあともさらに一〇年から二〇年の教育期間があります。教育期間は親に世話をされて生きていくことになります。昔は現在よりも早く成人して独り立ちしましたが、それでも十代後半でした。「人類は未熟児で出産される」とも表現されます。

人間の子供は未熟児で出産され、その後、脳が引き続き発達を続けることで、大人の大きな脳を実現しています。未熟児で出産されるのは、脳が大きくなりすぎると子供の頭が母親の産道を通過できないからです。

人間の子供は生まれてから身体が大きくなり、脳が発達します。その後、歩いたり走ったりするなどの運動機能とともに、会話能力を身に付けます。さらに人間の子供は教育を受けることで、人間社会の中で生活する能力を身に付けていきます。

これらの教育課程では、言語能力の習得と利用が必須です。言語能力としては、まず言葉を聞いてその意味を理解すること、次に言葉を発すること。さらに文字言語能力として読み書きの能力が必要となります。近代社会で生産活動に携わるためには、さらに言葉に支えられた複雑な生産、金融、通信、政治などの知識も必要となっています。

もちろん、爬虫類に人類と比較しうるだけの社会的活動を行う種類はいません。しかし、哺乳類でもこうした活動を行うのは人類だけです。爬虫類と哺乳類をこの点で区別するのは難しそうです。

不可能ではない「会話」

進化の過程で、人類はさまざまな能力を身に付けてきました。言語能力は狩猟《しゅりょう》を行うときにたいへん役に立ったはずです。予め《あらかじ》話し合いで獲物を追い立てる役と待ち伏せする役の打ち合わせをして、声をかけてタイミングを合わせ、集団で獲物に襲いかかります。さらには獲物を追い立てて崖《がけ》から落とすような作戦を立てるうえで、言語能力は必須だったはずです。

獲物に襲いかかる合図くらいならば、「オー」というかけ声だけでタイミングを合わせることは可能ですが、事前に「『オー』と言ったら、いっせいに飛びかかろう」と打ち合わせをしたとします。この文章はかなり複雑です。あるいは、「森のあっちの外《はず》れは崖になっていたよな。こっちからみんなでシカの群れを追い立てて、崖から落とそうじゃないか」というような作戦を立てるとなれば、これだけ複雑な内容を「オー」だけで伝えることはできません。言語能力をもって意思を伝えることは、集団で効率的な狩りを行うために大変重要です。

言語の発達のためには発声器官と聴覚が必要です。哺乳類の特徴の一つに、鼻と口の穴《あな》が別々に開《あ》いているという点があります。そのため、口の中に何かが入っていても、口を閉じていても、呼吸をすることができます。口を閉じたまま呼吸できることは、発声の微妙な調整に役立っているかもしれません。

もっとも、爬虫類でも口と鼻の穴が別々に開いているものがあるので、爬虫類でもその点の解決は可能だということになります。

鳥類は進化の過程を考えると、爬虫類ときわめて近縁です。厳密な分類をする場合には、鳥類と爬虫類は一緒にして「爬虫綱《はちゅうこう》」という分類にする場合が増えています。

爬虫類と同じ仲間と考えられる鳥類であるジュウシマツやシジュウカラは、かなり高度な会話をしていることがわかっています。これらのトリは、文章での会話をしていることがわかってきました。

トリが文章での会話ができるのですから、文章での会話ができる爬虫類が誕生してもおかしくないでしょう。哺乳類でも文章で会話をする種類は人類だけですので、この点でも哺乳類と爬虫類の区別はつけにくいです。

知的能力の違いはあまりない

狩りを効率的に行うためには、道具の利用と作製も大きな役割を果たしたはずです。人類の祖先は、最初は手ごろな大きさの石をひろって投げただけかもしれません。やがて、先のとがった棒や、割った石を棒にくくりつけてつくった槍《やり》を使って、動物を狩るようになります。これらのどれをとっても、「つかむ」という動作ができなければ成立しません。槍をつかむ、石で槍の穂先《ほさき》をつくる。これらの作業には「つかむ」という動作ができる「手」の存在が不可欠でした。

石器から始まった道具は、木製品、骨や貝を用いた道具、土器を経て、金属器に発展していきます。道具づくりのためにも、細かい作業のできる「手」の存在が必要です。また、槍を遠くへ投げる上では、肩が自由に大きく動くことも重要だったようです。

爬虫類の中にはティラノサウルスのように、二本の後ろ脚で歩いて、二本の前脚が自由になる種類が多数います。前脚がどの程度器用に動いたのかはわかりませんが、器用な手をもつようになる種がいてもいいでしょう。この点でも爬虫類が哺乳類より劣る理由はありません。

我々が細かい作業をするためには、とがった先端をもつピンセットを用いますが、多くの作業のためには指先を用います。恐竜はとがった爪《つめ》をもつので、細かい作業はできるかもしれませんが、肉質で半球状の指先はもっていないようです。

しかし、哺乳類でもクマやネコ科の動物などの爪はとがっています。哺乳類でも爪がとがっている指先と、肉質で半球状の指先の両方があります。爬虫類の中にもとがった爪を少し退化させて肉質で半球状の指先をもつ種類が誕生してもよさそうです。哺乳類と爬虫類とで、肉質で半球状の指先になるかどうかの決定的な違いはなさそうです。

知的活動と密接に関係するのが、脳の体積です。人類はオーストラロピテクスから現生人類にいたる進化の過程で、脳の体積を大きく増やしてきました。恐竜は身体の大きさはとても大きい種類でも、脳の体積は小さかったことが知られています。骨格の形が関係しているようです。

サルの仲間でも、ゴリラはものをかむために顎《あご》の骨を動かす筋肉が発達しています。そのために、頭の頂点で顎の筋肉を固定する部分が大きくなり、脳はそれほど大きくありません。これは、何を食べるかに依存しています。

人類は、火を使って煮たり焼いたりすることで、柔らかいものを食べることができるようになりました。食べ物が柔らかければ顎の骨と顎を動かす筋肉が大きい必要はなくなります。火の利用は脳の大きさを増やすのに役立ったはずです。火を使うためには、火をおこし、薪《まき》をくべる必要があるので、手があればいいということになります。この点でも、哺乳類か爬虫類かという区別には直接関係なさそうです。

こうしたことを考え合わせると、哺乳類と爬虫類ではタマゴから生まれるか、子宮から生まれるかという違いはありますが、知的能力は両者であまり差がないかもしれません。前述したように、爬虫類にも子供をタマゴで産まない種類があるので、いよいよ両者の違いはありません。爬虫類型知的生命体は誕生してもよさそうです。

特徴的なうろこ・鼻・頭・歯

爬虫類型知的生命はどんな見た目なのでしょうか。

二本の手が自由にならないと道具を使うことができないので、手が二本あるはずです。二本の手を自由に使うためには、手の根元の関節がある肩の位置が、接地点の鉛直面上《えんちょくめん》（鉛直面は水平面に対して垂直に伸びている面。垂直面）に乗る必要があります。もし、手の関節が接地点の鉛直面より前にあると、手を地面から離すことができません。手を離すと倒れてしまいます。

手を地面から離す動物はヒトに限らず、クマも、ミーアキャットも、手を離すときは胴体を立てて頭まで脚の接地点の鉛直面上に近くなるような格好になります。手を二本自由に使うためには、爬虫類型知的生命も、ヒトと同じように胴体が直立し、その鉛直面上に肩の関節と頭が乗る必要があります。

頭の向きも変わるはずです。四本脚で歩く動物は口が背骨を伸ばした延長線方向にあります。歩いて進む方向に口を開くためです。手を使うために、胴体が立ち上がって脚の上に胴体と頭が乗ったとき、頭が胴体と同じ方向のままだと、口は上を向くことになります。目も上、鼻も上に向きます。これでは前へ進んだとき、何も見えません。クマもミーアキャットも、立ち上がると顔を前、胴体とは直角に向けます。頭は立ち上がった身体の前方向へ曲げて、口も目も鼻も背骨に対しては横向き、前方向を向く方が便利です。なんのことはない、人類にそっくりです。

ところで、トカゲやワニ、ヤモリはすぐに爬虫類だとわかります（爬虫類と両生類《りょうせいるい》の見分けは難しいですが）。それはなぜでしょう。

わかりやすいのは表皮かもしれません。トカゲやワニ、ヤモリはそれぞれ特徴的なうろこで覆《おお》われています。トカゲは少し艶《つや》のあってなめらかな、中ぐらいの大きさのうろこで覆われています。ワニはでこぼこの多い、ざらざらした大型の茶色のうろこで覆われています。ヤモリは、少しとがった小さな茶色のうろこで覆われています。いずれにしても、爬虫類はうろこで覆われていることが共通しています。

同じうろこでも魚類のうろこは、その外側が粘液で覆われてネバネバしています。爬虫類のうろこは粘液で覆われていないので、乾いています。そこが魚類と爬虫類を見たときの表皮の違いです。似た格好をしていても、乾いたうろこで皮膚を覆うと爬虫類らしくなります。

鼻の形も特徴があります。トカゲやワニ、ヤモリの鼻の穴は口のすぐ上の先端近くに開《あ》いています。顔の面から飛び出た鼻ではなく、顔面に穴が開いている構造です。映画「ハリー・ポッター」シリーズに登場する悪役のヴォルデモートは、ヘビの特性をもつためでしょう、顔面に直接穴が開いた縦長の鼻をしています。

頭の形もトカゲやワニ、ヤモリはヒトと違っています。トカゲやワニ、ヤモリは、口がとがって前に突き出していますが、立ち上がって爬虫類型知的生命になったとき、不安定です。立ち上がった爬虫類型の口は、ヒトのようにだいぶ引っ込んで平らになっているはずです。

もし、どこかで爬虫類型知的生命に会ったとすると、ヒトと同じように胴体は直立して、胴体の下に脚が垂直にまっすぐ立ち、手は胴体の上部にある肩についているはずです。顔も縦長で頭は大きいでしょう。口もそれほど突き出ていません。ただし、鼻はあまり飛び出しておらず、鼻の穴が下を向いているだけかもしれません。もっとも、鼻の穴が下を向いているのは雨やほこりを吸い込まないためには好都合なので、爬虫類型知的生命も、垂直な顔の面から飛び出した鼻をもっているかもしれません。

問題は「歯」です。もしその爬虫類型知的生命が、地球の爬虫類と同じような歯をしていたとすると、顔つきはだいぶヒトと違っています。

つまり、ヒトの前歯は正面が平らです。奥歯は噛《か》む面が平らでへこんでいて、臼歯《きゅうし》とよびます。爬虫類には前歯のように平らな歯や、臼歯はありません。すべての歯が円錐《えんすい》状です。このような歯では、食べ物をすりつぶすことができないので、穀物などの硬い種子を噛み砕くことはできません。肉を引きちぎることはできますが、噛み切るのはそれほど上手ではありません。

つまりナイフとフォークで肉を小さく切って食べる分には問題ないのですが、肉の塊《かたまり》に食いつくと、噛み切ることができないので、首を左右に振って食いちぎることになります。

上流社会の爬虫類型知的生命ならば、ナイフとフォークで肉を切り分けて食べるはずですが、そうでない場合は、隣には座らないほうがいいかもしれません。肉汁が左右に飛びちるかもしれないので［図⓫］。

可能性が低いカメ型

カメも爬虫類です。カメといえば、アメリカの大ヒットアニメシリーズ「ミュータントタートルズ」を思い出す読者もいるのではないでしょうか。果たして、ミュータントタートルのような知的生命が誕生する可能性はあるのでしょうか。

甲羅《こうら》をもったカメ型の体型は、守備重視の体型で、俊敏に動くのには向いていません。カメは草食、肉食、雑食とさまざまですが、草食の場合は、俊敏に動く必要がありません。肉食の場合の餌も貝やみみず、小魚などで、素早く動いて狩りをする必要がないので、言語や道具を発達させる必要性もありません。

後ろ脚や前脚を引っ込めたときに外部の攻撃から守る形になる必要があるので、長い脚は不便です。甲羅はどうしても重くなりがちですし、立ち上がって手を自由に動かすのは難しそうです。

「ミュータントタートル」は立ち上がっていますが、甲羅の大きさに比べて手足が長くなり、甲羅の防御は背中だけに限られてしまっています。甲羅をもつ意義が半減です。戦う

図⓫　爬虫類型の知的生命がいるとすれば、前歯は円錐状なので「肉を嚙み切る」ことはできず、頭を左右に振って食いちぎるしかない

ときは、腹側を敵に向けるので、後ろの甲羅は正面の敵の攻撃を守備するためにはあまり役に立ちません。

カメ型の体型は知的生命に進化するには不向きです。獲物を捕《と》る必要がなければ言葉も道具も不要で、技術を発展させる可能性は低いからです。さようならミュータントタートル。

水から離れられない両生類

カエルやウーパールーパーのような両生類型の知的生命はどうでしょうか。

両生類はタマゴを水中や水辺に産み落とします。これが爬虫類と大きく異なる点です。爬虫類のタマゴはトリのタマゴと同じように硬い殻で覆われています。その殻が中身を乾燥から守るので、爬虫類は陸上にタマゴを産むことができるのです。

爬虫類の中でも、恐竜の大きなタマゴになると数十センチもあります。大きなタマゴの中には、小さい恐竜になるだけの栄養が蓄えられています。何日もかけてタマゴの中でだんだん大きくなる過程で、胚《はい》（恐竜の赤ちゃん）はタマゴに蓄えた栄養を吸収します。

タマゴの中の爬虫類の赤ちゃんはどうやって栄養を吸収するのでしょう？　タマゴの栄

養を口で食べているのでしょうか？　いいえ、違います。タマゴの中の爬虫類の赤ちゃんの腸はおなかから飛び出ています。赤ちゃんのおなかから飛び出た腸が、タマゴの栄養素を吸収して取り込みます。

タマゴの中でオシッコはどうするのでしょう？　爬虫類の赤ちゃんの膀胱《ぼうこう》はおなかから外に飛び出していて、袋をつくっています。タマゴの中の袋にオシッコをためるのです。こうして、タマゴの中に入ったままで、爬虫類の赤ちゃんはタマゴと同じくらいの大きさになるまで何日もタマゴの中で育つことができます。

生まれたばかりの赤ちゃんのカメやトカゲ、ワニも十分大きく、すぐに歩くことができるようになります。ついでに生まれると飛び出ていた腸や膀胱は切れてなくなりますが、その跡はおへそとして残ります。そうです、カメやトカゲ、ワニにはおへそがあります。恐竜にもおへそがあったはずです。

両生類のタマゴは爬虫類に比べてずっと小さく、大きくても数ミリ程度です。タマゴから育つ子供も爬虫類のような栄養をとる仕組みをもっていません。タマゴから育つ子供の排泄物《はいせつぶつ》は直接水の中に捨てられます。つまり、両生類のタマゴには尿をためる袋もありません。したがって、カエルにはおへそがありません。

水の中に産み落とされたカエルのタマゴは孵化《ふか》してオタマジャクシとなり、水の中で泳ぎ始めます。水の中で食べ物を食べて育ちます。カエルの子供にはやがて脚が生えて尻尾《しっぽ》が吸収され、えらがなくなり、肺が形成されます。

肺で呼吸できるようになったカエルは、水の中から少し出ることができるようになります。とはいっても、大部分のカエルは水を離れることはあまりありません。水から顔は出すけれども、身体は水の中です。水から出ても、土手の上にいて、何かがやってくる物音がすれば水に飛び込みます。

カエルの中には土の中に潜《もぐ》ったり、木に登ったりする種類もありますが、それらのカエルもタマゴを産むのは水の中です。木の上にタマゴを産む種類もありますが、その場所も木の下には水があります。タマゴから生まれたオタマジャクシは水の中に落ちて、水の中で育ちます。カエルの仲間は、水から離れることはできません。

ウーパールーパーは、オタマジャクシに手や足が生えて、オタマジャクシのままでタマゴを産むようになった種類です。専門的には「幼形成熟《ようけいせいじゅく》」といいます。子供の形のままで大人になったという意味です。

大きくなれないカエル

では、こうした両生類は、知的生命として進化することはできるでしょうか。

まずカエルです。カエルには肺がありますが、哺乳類や爬虫類のような肺の構造はもたず、ただの袋です。

爬虫類や哺乳類の肺はその内側にたくさんの小袋が詰まっています。のどからつながった気管が枝分かれして細い枝になり、その先に小さな袋がついています。小さい袋がたくさんあるおかげで、肺の表面積はとても広くなっています。肺の広い内表面で空気中の酸素を取り込み、血液中の二酸化炭素を排出することができます。

こうした肺呼吸ができれば皮膚呼吸の必要はないので、身体の表面の皮膚を厚くすることができます。厚い皮膚によって、木の枝や棘《とげ》などから身体を守り、乾燥も防ぎます。

これに対してカエルの肺は表面積が小さいので、酸素が十分取り込めません。そこでカエルは肺に加えて、体表面での皮膚呼吸で酸素を取り込んでいます。皮膚が粘液で覆われていつも濡れているのは、皮膚呼吸を行うためです。皮膚呼吸をするので、皮膚を厚くすることができません。

カエルは身体が小さいので体積あたりの体表面積が大きく、身体に必要な酸素を体表面から十分に取り込むことができます。ところが大きな身体になると、体表面積の増加は体積の増加に追いつきません。すると体表面で取り込む酸素では、身体の動きを支えるのに十分な酸素を取り込むことができません。つまり、肺の面積が小さいまま体表面で酸素を取り込もうとすると、身体は大きくなれないということです。

身体がある程度大きくないと、脳は大きくなれません。知的生命の誕生のためにはある程度の大きさの脳が必要です。ある程度の大きさの脳の活動を支えるためには、ある程度の大きさの身体が必要です。

カエル型では身体が大きくなれないので、知的生命は誕生しそうにありません。かりにカエルの肺が進化して小さい袋をもてば、肺の表面積は大きくなります。呼吸を表皮で行う必要がなくなるので、身体を大きくすることができるようになります。ついでに、表皮で呼吸をする必要がなくなるので、粘膜でなく厚い皮膚をもつようになってもいいでしょう。こうして厚い皮膚をもつようになったのが、爬虫類や鳥類、哺乳類です。

カエルもウーパールーパーも、水から離れることができないという点でも、高度な知的活動を営むのは無理そうです。水から出ないと、電子機器の開発はできませんし、そもそも水の中では道具をつくることも困難です。それ以前に、身体が小さいので大きな道具はつくれそうにありません。身体が小さいということは脳も小さいので、知性が高くなるということも難しそうです。

ウーパールーパーはサンショウウオの仲間です。仲間にはかなり大きくなるオオサンシヨウウオがいて、体長は一メートル半にもなります。古生代（五億三九〇〇万年前〜二億五二〇〇万年前）には数メートルの体長をもつ大型の両生類もいましたが、水中で生活していました。

サンショウウオも主に水の中を動く古生代の両生類も、浮力があり、手足で体重を支える必要がありません。したがって水中に棲《す》む両生類の手足は貧弱です。陸に上がって立ち上がるだけの手足はもっていません。

脚の骨が身体の横に向いてついているので、関節に力を入れておかないと胴体を地面から浮かせることができません。胴体の真下に後ろ脚の関節がついていなければ、立ち上がることもできません。立ち上がれなければ、前脚を自由にすることもできません。自由にできる腕がもてそうもないので、道具をつくるのは難しいでしょう。ウーパールーパー型の知的生命には会えそうもありません。

「飛ばなくなる」という進化

空を飛ぶ鳥類型知的生命はどうでしょう。空を飛ぶためにはたくさんのエネルギーが必要です。エネルギー獲得のためには、たくさんの酸素を空気中から取り入れる必要があります。鳥類の肺の中にも小さな袋があり、肺の表面積が大きくなっています。

鳥類はそれだけでなく、哺乳類よりもさらに進歩した肺の仕組みをもっています。哺乳類は呼吸をするときに肺に空気を取り入れ、それを吐き出します。ところが、鳥類の肺はもっと複雑にできています。肺がいくつもの部分に分かれていて、吸い込んだ空気はいったん、後部気嚢群《こうぶきのうぐん》に吸い込まれます。その空気は次に前部気嚢群にためられたあと、口を通って外に排出されます。吐き出すときに空気が肺の中を通り、酸素と二酸化炭素の交換をします。ここで、肺の中を通る空気の方向がいつも下から上の一方向になることが重要な点です。血流は空気と反対の方向に流れるので、血液に大変効率よく酸素を取り込むことができます。

鳥類は肺の機能からすると大型になってもよさそうです。実際、大型のペンギンである皇帝ペンギンは四五キロ、ダチョウのオスは一二〇キロ、すでに絶滅してしまったジャイアントモアの体重は二五〇キロほどであったと推定されています。

ここで気がつくのは、これら大型の鳥類はいずれも飛べない、飛ばなくなった鳥類であることです。飛ぶためにはとても多くのエネルギーが必要なので、飛ばなくてよければ、鳥類は「飛ばなくなる進化」を遂げます。
飛ぶのは、地上の動物から逃げるためなので、捕食者に簡単に捕食されなくなれば大型になって地上で暮らすことができるわけです。

ペンギンの住む南極の氷の上には大型の捕食者はいません。ダチョウの住む砂漠にも大型の捕食者はいません。飛んで逃げる必要がなければ飛ばなくなります。飛ぶためにはたくさんのエネルギーが必要だからです。

鳥類の身体は、飛ぶためのさまざまな特徴をもっています。まず、ともかく目につくのは飛ぶための羽ですが、哺乳類の脚に比べても大きな構造です。はばたくための大きな筋肉が羽についています。その大きな筋肉を固定するために、胸には大きな骨、竜骨突起《りゅうこつとっき》ができています。飛ぶためにどれだけ強い力が必要であるかがわかります。

身体が重くなると、飛ぶためにエネルギーを使うので、身体を大きくすることは難しくなります。大型の鳥類は飛ぶことをやめたおかげで身体を大きくすることができました。逃げる必要がなくなったので身体を大きくして飛ぶことをやめました。飛ぶことのできる大型の鳥類は難しそうです。

羽毛の生えた飛ばない鳥

飛ぶための羽をもつと、ものを操作する手がうまく使えなくなります。鳥類の羽はもともと前脚で、指がついていました。今も指の骨は残っていますが、羽根の先になっていて自由に動かすことはできません。

コウモリは哺乳類で鳥類ではないのですが、やはり前脚が羽になっています。コウモリの羽は、前脚の指が長く伸びて、指と指のあいだの皮膚が広がった形です。その結果、やはり指で何かを扱うことは難しくなっています。

空を飛ばない大型の鳥類はいるので、飛ばない鳥類型の知的生命は可能性がありそうです。その場合、羽は必要ないので手と指が自由になります。身体に羽毛《うもう》が生えていることを除けば、鳥類の基本構造は爬虫類とあまり変わりません。しかも、すでに二本脚で立っているので、手を自由に使うにはよさそうです。それもそのはず。鳥類はもともと二本脚で歩く爬虫類、二本脚恐竜から進化したのですから。

爬虫類には羽毛がないという点で違うのではないかと思うかもしれませんが、最近の研究では、身体に羽毛のあとがついた恐竜の化石が多数見つかっています。恐竜の仲間にも、体中に羽毛が生えた種類がいたようです。羽毛があるかないかでは、爬虫類と鳥類の区別はつけられないことになります。

トリの特徴として、羽毛が体中を覆っていることがあります。

空を飛ぶ鳥型知的生命体はいないと思いますが、体中に羽毛の生えた空を飛ばない鳥型の知的生物はいるかもしれません。

タコ型火星人は一〇〇年前から

サイエンスフィクションには、地球のタコによく似た宇宙人が登場します（本書の第六章で紹介している『銀河ヒッチハイク・ガイド』にも登場します）。タコやイカなどの軟体動物が知的生命として、どこかの遠い星で生まれている可能性はあるのでしょうか。

今から一〇〇年ほど前（一九世紀後半）、火星には、タコのように複数の脚をもち、大きな頭に眼のついたタコ型知的生命が運河を建設、運営して暮らしていると想像されていました。

イタリアの天文学者スキアパレッリが、火星の模様を「溝《みぞ》」（イタリア語で「カナリ」）と書いたのですが、これが英語で「運河」（カナル）と誤訳されました。それで運河をつくるくらい高度な技術をもつ生き物が火星にいるはずだ……と考えられました。

高い知性をもつためには脳が大きいはずです。火星の重力は地球の三分の一と小さいので、細い手足でも体を支えるには十分です。想像された高度に進化した火星の生き物が、頭の大きなタコ型火星人です。

これまでに、いくつもの探査機が火星の周りを回りながら火星表面を撮影しましたが、「運河」は見つかっていません。火星表面に着陸した探査機にも残念ながら「火星人」らしい姿は映っていません。顕微鏡で見なければ見えないほどの小さい微生物ならば、ひょっとするといるのではないかと考える研究者はどんどん増えていますが、火星には大型の生物はいそうにありません。

では、火星以外ではどうでしょう。宇宙のどこかにタコ型の知的生命はいないでしょうか。

タコの脳はどこに

タコの身体は、ヒトをはじめとする脊椎動物とはかなり異なった構造をしています。これまで見てきた哺乳類、爬虫類、両生類と魚類はいずれも「脊椎動物」です。イカやタコは脊椎動物とはだいぶ違った身体の構造をしていて、「軟体動物」に分類されます。

タコの最大の特徴は、脚に頭が直接ついていることです。この点はイカも同じです。脚(足)に頭が直接ついていることが、イカやタコの仲間を「頭足類《とうそくるい》」とよぶゆえんです。タコの眼は頭についていて、頭は脚の上に乗っています。この点がこれまで見てきた脊椎動物の身体の基本構造と、大きく異なる点です。

マンガなどでタコの口のように描かれる筒状の構造は、「ロウト」（漏斗）とよばれる器官で、口ではありません。ロウトは水の中を推進するために使われる部分で、吸い込んだ水を吐き出します。口は、多数の脚に囲まれる真ん中部分にあり、下向きについています。脚は餌を捕まえると、その口に運びます。これは、クラゲの食べ方と同じといえます。

口から食べた餌は、頭の真ん中を通っている消化管を通り、頭の上につながる胴体に運ばれます。胴体は「外套《がいとう》」とよばれる筋肉質の覆《おお》いに囲まれています。胴体の中には消化管、鰓《えら》、心臓、肝臓、腎臓などの内臓が納められています。では脳はどこにあるのかというと、消化管の周りを取り囲む環状構造になっています。

つまりタコの身体は、脚の上に頭、頭の上に胴体が乗っている格好です。一〇〇年前の人が「大きな頭脳」だと思った「タコの頭」は、脳を入れる頭ではなく、内臓が納められた胴体です。

脚は筋肉の塊

タコやイカの仲間の脚は腕のように自由に動き、物をつかむこともできるので、腕とよばれることもあります。脚は筋肉の塊です。脚の一本一本がそれぞれ小さい脳で制御されているので、かなり緻密《ちみつ》な動きをすることができます。ガラス瓶《びん》の蓋《ふた》を開けることさえできてしまいます。

タコの仲間には、道具を使う種類までいます。インドネシアのレンベ海峡では、メジロダコが脚で貝殻をもって防御や攻撃に使ったり、隠れ家にしたりしている様子が撮影されています。

タコは、哺乳類と同じような「カメラ眼《がん》」をもっています。カメラ眼とは、レンズで光を集めて焦点を結び、画像を視神経で感じ取る仕組みをもった眼のことです。カメラ眼があると対象を正確に見ることができます。

タコは高い知能とすぐれた眼をもち、さらに器用に脚を使いこなします。水の中では知的生命になる資格十分です。

しかし一方で、不利なのはグニャグニャの身体で、これが軟体動物とよばれるゆえんです。脊椎動物の脚は、骨の強度で重力に対する抗力を得ています。筋肉の力を移動に使っていますが、移動をしていないときは骨の強度で身体の重さを支えています。一方、タコの身体には骨がありません。外骨格もありません。

身体の形は筋肉質の「外套」とよばれる構造で保たれています。筋肉はかなり固くてしっかりしているので、水の中では身体の形は保たれますが、水から出されると身体の重さを支えることができません。

脊椎動物の手足は、もとをただせばサカナのヒレに由来します。ヒレの中にある骨が手足の骨や指の骨になっています。タコの親類にあたるイカの仲間は、甲《こう》とよばれる骨を外套の内側にもっています。甲は貝類の貝殻が退化したもので、炭酸カルシウムを成分としています。タコがイカと同じような甲をもったとしても、甲は背骨にはなりますが、手足の骨にはなりません。

軟骨が眼のあいだにある脳を覆っていますので、軟骨をつくることはできます。ただし、タコの身体の構造戦略では脚の筋肉に多くのリソースをつぎ込み、骨にはリソースが割かれていません。脚の筋肉は強いので、少しのあいだ身体をもち上げることはできるかもしれませんが、長時間にわたって身体全体を脚で支えることはできません。

水中から出たタコは、重力に抗《あらが》うことができず、グタッとしてしまいます。

カタツムリのように

同じ軟体動物で陸に上がった生き物として、ナメクジとカタツムリがいます。ナメクジとカタツムリは軟体動物の中でも巻き貝の仲間です。巻き貝の仲間は脚が一本の筋肉の塊になっています。ナメクジもカタツムリも身体が小さいので、一本の脚で身体を支えることができます。

タコが陸に上がったとしても脚で身体を支えるのは難しそうですが、脚の筋肉の力でずるずると陸上を移動することはできます。陸に上がった軟体動物、カタツムリも脚の筋肉を使ってずるずると動くことはできます。

速く移動するためには、複数の脚を左右交互に動かすことで、パタパタと動くのが効率的です。もし、陸に上がったタコがいたとすると太い複数本の脚を交互に前後に動かして移動するはずです。ただし、脚に骨はないので、骨で体重を支え続けることはできません。停止して休むときには、脚は投げ出して頭と胴体を地面に置いて休むことになります。

タコの脚の吸盤も筋肉でできていて、非常に巧妙な動きをします。タコが複数本の脚で移動したとすると、それに加えて二本の腕が作業に使えそうです。陸上では多数の吸盤は不要で、先のほうのいくつかの吸盤が指の役目をするようになるかもしれません。

タコは鰓呼吸《えらこきゅう》ですが、カタツムリは外套の中の鰓に空気を取り入れて空気呼吸をする肺ができています。タコも同じ戦略をとることによって、陸上で呼吸をすることができそうです。呼吸器を使えば、発音をすることもできるようになるかもしれません。

脚の上に頭、その上に胴体という基本構造があるので、頭を身体の上のほうにつけるのは難しい基本形態です。したがって、どんな顔をしているかを想像するのはなかなか大変です。かりに胴体を頭の後ろに引きずるとすると、顔は胴体の前方にあり、眼がついています。口はもともと脚のあいだにあるので、顔が脚の上に乗って、前に口を向けるためには、かなり大がかりな体勢の改造が必要です。

口、眼をつけた顔を脚の上の頭につけたとしても、背骨がないとやはり、位置を高くすることに限界がありそうです。どうしても胴体を後ろに引きずる形になります。筋肉質の脚で常に支えようとすると多大なエネルギーが必要で、多数本の脚で支えられて陸上で生活するタコ型知的生命体は難しそうです。

まとめると、タコ型知的生命体はいるかもしれませんが、複数本の脚をもち、手は二本で、指は吸盤型かもしれません。脚の骨がないので、休憩をするときは、胴体がグタッと地面に接触する形になります。骨が胴体にも手足にもないことは致命的で、陸上での長時間の移動は困難です。手足を動かしたり、頭を動かしたりすることは、長時間は続けられそうにありません。

背は大変低くなりそうです。握手をしようとするとかがまないといけないでしょう。タコ型知的生命体が手をもち上げてくれるかもしれませんが、眼のある頭はやはりかなり低い位置になりそうです。脚を束ねて柱のようにして、頭と胴体をかなり高い位置に上げてくれれば何とかなりそうです。これも長時間はもたないので、握手がすんだらすぐにまた低い位置に戻ります［図⓬］。

長時間話をする必要がある場合には、タコ型知的生命体がくつろげるようにテーブルを用意しましょう。タコ型知的生命体がその上に乗って、グタッと横たわったとき、我々の顔の高さと同じ位置で会話をすることができるはずです。我々も座った状態で会話をするのであれば、高さ一メートルくらいのテーブルがちょうどいいでしょう。

エイリアンのモデルは節足動物

サイエンスフィクションに現れるエイリアンは、しばしば昆虫のような格好をしています。宇宙のどこかに昆虫型知的生命はいるのでしょうか。

SF映画に登場する宇宙人やエイリアンで最も多いのは、外骨格をもった節足動物、つまり昆虫型です。もちろん、昆虫のように小さいわけではなく、人間ほどの大きさで登場します。身体の表面が硬い殻に覆われているので、いかにも頑丈《がんじょう》そうですし、手足の先がとがっていて、敵を突き刺すときに強力な武器になります。尻尾もとがっていて攻撃に

図⓬　タコ型の知的生命がいるとすれば、脚に骨がなく、筋肉のみで直立するため、長時間は立っていられない

使ったり、毒の注入に使ったり、あるいはタマゴを産みつける器官になっていたりします。

これらはすべて、昆虫や節足動物からの連想です。昆虫は節足動物の一種ですが、節足動物には昆虫のほかにクモやサソリが含まれます。節足動物の身体表面は「キチン質」とよばれる硬い有機成分でできています。

昆虫ならば三対、六本の脚をもっています。クモ類は四対、八本の脚をもっています。節足動物の種類によっては、よく見ると口の周りにも脚のようなものがたくさんあります。口の形は餌によってさまざまで、物をなめたり、かじったり、刺したり、それぞれの食生活に適した形になっています。ハチやサソリなどは尾の部分に針をもっていて毒を注入することができます。

ＳＦ映画で描かれている昆虫型エイリアンは、大きく二つのタイプに分かれます。一つはヒトの身体に入り込む「寄生型」で、もう一つが高度に発達した技術を用いた「高度技術文明型」です。

実際にそのような生命の誕生は可能なのでしょうか。まず「寄生型」から考えます。

寄生バチ型、クモ型、ヒトクイバエ型

ハチの中に、寄生バチという種類があります。寄生バチはほかの昆虫の幼虫（アオムシ）を捕まえて巣に運びます。アオムシを毒でマヒさせて動かないようにして、タマゴを産み付けます。アオムシは死んではいないので腐ることはありません。マヒしたアオムシに産み付けられた寄生バチのタマゴは孵化するとアオムシの身体を餌にして成長し、やがてアオムシの皮膚を食い破って外に出てきます。

おなじみ、ヒトの身体の中にタマゴを産んで身体を内側から食い尽くす恐ろしいエイリアンは、寄生バチからの連想でしょう。

クモ型のエイリアンの場合には、餌となる生物に尻尾の毒を注入してマヒさせた上で、餌をクモの糸でぐるぐる巻きにして完全に動けない状態にします。それを、しばしば洞窟《どうくつ》の天井から吊《つ》り下げます。餌はあとからクモ型エイリアンが食べにくる場合もあります。あるいはタマゴを産み付けて、タマゴから孵《かえ》った幼虫の餌に利用する場合もあります。

寄生バチ型エイリアンに似ているのですが、宿主《しゅくしゅ》に取り付く方法が異なるタイプもいます。ヒトクイバエ型エイリアンとしておきましょう。

ヒトクイバエはアフリカにいるハエの仲間で、タマゴから孵化した幼虫が動物やヒトの身体に侵入して寄生します。ヒトクイバエ型エイリアンの場合、タマゴから孵った子供エイリアンがヒトを襲って寄生します。

寄生バチ型やクモ型、ヒトクイバエ型のエイリアンは、高度の技術文明を自らもつ必要はありません。高度の技術文明をもつ生物（ほかの知的生命体）に寄生して、それらを滅ぼしながら自らの種を増やしていけばいいからです［図⓭］。

どこでどのように進化するか

寄生バチ型、クモ型あるいはヒトクイバエ型などの寄生型エイリアンはいるでしょうか。寄生型エイリアンがいるかどうかを考える上で重要なのは、このような寄生型エイリアンがそもそもどこでどのように進化したのかという問題です。

まず、寄生生物が誕生するためには、寄生される生物がいなければなりません。寄生される生物のことを「宿主」とよびます。その大きさも、寄生する生物より大きくなければだめです。寄生型エイリアンの宿主はいるでしょうか。地球の場合に、大きい動物は多種います。ほかの惑星にも大型の動物がいれば、それが宿主となり得ます。

地球の寄生生物をもう少し見てみましょう。地球の場合、大型の動物の腸内に寄生する線虫《せんちゅう》、身体の中に入り込んでしまう寄生虫などは数多く見られます。これらの寄生虫は、宿主の健康状態を悪化させることはしばしばありますが、殺すことはまずありません。宿

図⑬　SF映画に登場するエイリアンの多くは寄生型だが、宿主が死ねば自らも滅びるので、地球人類を殺すことはないはず

主を殺してしまうことは寄生生物にとって損になるからです。

もちろん寄生生物が損だと考えてそうしているわけではありません。宿主を殺してしまうような寄生生物がいたとすると、その宿主の数が減って、結果的に寄生生物も数を減らすことになります。寄生しても宿主を減らさない寄生生物であれば、その数を増やすことができるわけです。こうして、宿主を殺してしまう寄生生物はあまり増えることができないのに対して、宿主を殺さない寄生生物はよく繁栄します。

寄生型エイリアンもどこかの惑星では、大型生物を宿主として進化したはずですが、そこでは宿主を殺さなかったはずです。そうでなければ、寄生型の生物として進化できなかったでしょう。

ＳＦ映画に登場するような、宿主を殺してしまうような寄生型エイリアンは、かりに誕生したとしても、やがて餌（宿主）がなくなってしまいます。すると自分も滅びるしかなくなります。宿主を殺す寄生型エイリアンは誕生しそうにありません。かりに誕生したとしても、自分の宿主を絶滅させながら生存するのはきわめて困難で、やがて寄生型エイリアンそのものが絶滅するはずです。

寄生型エイリアンが人類を襲うことはなさそうです。

外骨格型より内骨格型

もう一つの昆虫型エイリアンは、高度な技術文明を自ら発達させた「高度技術文明昆虫型エイリアン」です。こちらの昆虫型エイリアンは、人工的な鎧《よろい》で身を守ることができます［図⓮］。

鎧の中の環境を自分に合わせ、外からの攻撃に対して身を守っています。鎧には攻撃のための武器を装着し、動力を利用して動きます。鎧に神経接続することによって動きは敏《びん》捷《しょう》になり、強い攻撃力を発揮します。鎧は可動性に富む機能的な形をしているので、一見すると鎧そのものがエイリアンの外骨格に見えます。

高度技術文明昆虫型エイリアンは、攻撃用の二足歩行ロボットや小型の飛行攻撃機に乗ることもあります。

ここでは、外骨格型のエイリアンが高度な文明を開発できるかどうかという点を検討する必要があります。外骨格型の生物は地球に多数いますが、そのほとんどは小型でせいぜい一〇センチ程度です。陸上で大きな外骨格型の生物としてはムカデの仲間で、四〇センチほどになるものがいます。中生代のトンボも大きなものは七〇センチ近くありました。

一方、海の中の外骨格の生物であるカニの仲間には、脚を広げると一メートル以上になる種類もいます。海の中では、身体の重さが浮力によって軽くなるので、大きな身体を支えることができるようになるのです。つまり陸上でも海の中でも、大型の外骨格型生物が誕生可能です。

外骨格は身体をがっちりと固めてあるので、大きな身体を支えるのによさそうです。しかし半面、外骨格は俊敏に動くためには不利です。爬虫類のカメは身体を硬い甲羅で覆って身を守っていますが、敏捷に身体を動かすことはできません。カメの場合は外骨格とはよびませんが、防御用の外側の殻（甲羅）が重すぎます。哺乳類にもセンザンコウのように身体を鎧で守っている種類がいますが、カメに比べるとはるかに敏捷です。それでも、センザンコウはネコのように飛び跳ねることはできません。外側の硬い殻は守りに徹する場合には有効なのですが、敏捷に動いて戦うという作戦はとりにくいのでしょう。

大部分の哺乳類と爬虫類は、防御用の殻をもたない内骨格《ないこっかく》です。肉食の動物は、敏捷に動けなければ餌となる動物を捕まえることができません。外骨格より、内骨格のほうが敏捷に動くためには有利です。

敏捷に動くための鍵《かぎ》となるのは関節です。内骨格と外骨格の関節を比べた場合、内骨格のほうが接触面積を小さくすることができます。関節が身体の内部にあるので面積が少な

図⓮　高度な技術文明をもつ昆虫型エイリアンがいるとすれば、人工的な鎧を開発しているかもしれない。鎧に神経を接続し脳から電気信号を送れば敏捷に動ける

くてすむのです。

内骨格では、関節を液体で潤滑《じゅんかつ》できることも有利な点でしょう。内骨格ならば、潤滑液体を関節内側に密閉しておくことができます。

外骨格の関節は硬い殻と殻のあいだにあり、キチン質でできています。関節部分のキチン質は比較的やわらかいので、力を支えつつ変形できるようになっていますが、潤滑はありません。

内骨格のほうが、関節を動かしやすくして敏捷に動けます。地球外の惑星でも外骨格と内骨格の両方の大型生物が誕生したとすれば、内骨格のほうが敏捷に動ける生物になるはずです。

敏捷に動くためには、筋肉も発達している必要があります。また、俊敏に動くためには鋭い視力あるいは聴力と、筋肉の正確な制御が必要です。

例えばサルの仲間のように、木登りをしたり、枝から枝へ飛び移ったりする動物は、高速で高度な情報処理をしているはずです。地球人類がサルの仲間から進化したのは、高度で高速な情報処理能力によるところが大きいかもしれません。

言い換えれば、敏捷に動く必要がない生物では、情報処理の能力が高くなることはなさそうです。外骨格で俊敏に動くことがなければ、高速で高度な情報処理の必要性もなくなります。俊敏に動くことの必要のない防御専門の動物から知的生命へ進化する可能性はあまりないかもしれません。

こうして考えると、もし地球外知的生命に遭遇した場合、外骨格の生物よりは内骨格の生物である可能性のほうが高そうです。昆虫型エイリアンより内骨格型エイリアンのほうが、可能性が高いということです。

第六章　最新科学で読むＳＦの想像力

深い興味と豊かな想像力

まえがきでも触れましたが、私はサイエンスフィクションのファンです。サイエンスフィクションは、まだよくわかっていない物理現象を具現化し、近くでは見ることのできない天体に近づき描いてくれます。サイエンスフィクションの作者の想像力は、しばしば科学者の想像力を超えます。さらに、自意識や自我の誕生といったまったく未解決の課題に対する先進的な洞察を見せてくれます。

作家たちの、科学者にも負けない地球外生命への深い興味と豊かな想像力が、数々の文学や映画、漫画・アニメーションを生み出してきました。前章まで、どこか遠くの星で知的生命が誕生する可能性を考えてきました。すでにいくつかのサイエンスフィクションを引用していますが、この章では、さらにいくつかのサイエンスフィクションを解剖してみましょう。

ここではサイエンスフィクションで描かれている知的生命について、実在する可能性を科学的視点で考えてみます。しばしば作者の卓越した想像力に脱帽します。

文学も取り上げますが多くは映画です。古い作品から年代順に取り上げていくので、科学的知識が増えるにしたがって「宇宙人像」が歴史的に変化してきたこともわかります。

宇宙人の侵略は防げない

「宇宙戦争」（一九五三年公開、アメリカ、バイロン・ハスキン監督）は、宇宙人との遭遇を描いた映画の中でも、最初の本格的な作品です。隕石《いんせき》がアメリカ、ロサンゼルスの郊外に衝突します。宇宙からやってきた隕石と思われたものは、実は宇宙人が乗る円盤でした。円盤から放射される殺人光線の放つ破壊力はすさまじく、ロサンゼルスの町を破壊していきます。主人公たちはロサンゼルスから命からがら逃げ出します。しかし、やがて異変が起きます。円盤が墜落を始めたのです。地球の細菌が感染したことによって宇宙人が発病したことが原因でした。

ほかの惑星に宇宙船を飛ばして攻撃するだけの科学力をもつ宇宙人が、未知のものとはいっても感染性微生物に対する防御方法をもたないということがあるでしょうか。地球を侵略するだけの理由（多くは母天体《ぼてんたい》の破壊か環境悪化）と技術と予算をもって、地球侵略を実施するだけの宇宙人が、病原菌の対処法を考えていないとは思えません。宇宙人がもといた母天体の大気組成が地球と同じわけがないので、地球侵略の際には気密性の高い服ないしは乗り物できているはずです。気密服の中に地球の微生物が侵入するということもないでしょう。

新型コロナウイルスの例を見てもわかるように、感染症のワクチンは非常に短い期間で（地球人であっても）開発可能です。地球を侵略するほどの技術をもった宇宙人ならば数日でワクチンが開発できると思っていいでしょう。円盤に乗り込む兵士の分のワクチンを生産すればいいので、縦、横、高さが各二から三メートル程度の小型の機械でも十分に製造可能です。宇宙人はワクチンを使って地球侵略ができるはずです。

地球の微生物によって宇宙人の侵略が防げる可能性は、考えに入れないほうがいいでしょう。つまり、地球を攻めるだけの科学力をもった宇宙人が地球にやってきた場合、占領されてしまう可能性が大きいということです。

個体一つで進化は可能なのか

「惑星ソラリス」（一九七二年公開、旧ソ連、アンドレイ・タルコフスキー監督）では、惑星ソラリスに何度も派遣された調査隊がいずれも失踪《しっそう》して戻ってきません［図⓯］。ただ一人戻った生存者の報告も不可解な点が多く、それを確認するために主人公、心理学者のクリス・ケルヴィンが惑星ソラリスの基地に派遣されます。惑星ソラリスの上空に配置された基地に到着したクリスの目の前に、一〇年前に死んだはずの妻が現れます。それは惑星ソラリスの海が有機生命体としてクリスに働きかけ、実体化した記憶のようでした。

ソラリスの海がどのような実体なのか明らかではありません。海の表面は荒れた嵐の海のようにも見えます。海は台風の渦巻いた雲、さらにふつふつと沸騰《ふっとう》するお湯の表面などさまざまな形状に変わります。ただし、これは実体ではなく、ソラリスの海が人に見せたい姿を見せているだけかもしれません。あるいは人が見たい姿をソラリスの海が見せているだけかもしれません。

クリスの前に現れた妻は、見えるだけでなく抱きしめることもできるので、実体として出現しているのかもしれません。しかし、感覚として知覚できても実体ではない可能性も拭《ぬぐ》えません。そもそも、見て感じている物体は本当に存在するのか。哲学的な課題を投げかけています。

ソラリスの海は、哲学的には大変面白い存在ですが、このような有機生命体が自然に誕生するというのは疑問です。かりに、有機生命体だとして、惑星全体を覆《おお》う個体として一個体しかいないようですが、それがどのように進化して誕生したのでしょう。

ダーウィンは生命の進化の機構を明らかにしました。生命は多数の子孫を産みますが、それらの子孫には多くの変異があり、その中で少しでも環境に適応したものが生存する可能性が高くなるというのが自然選択という進化の仕組みです。

つまり、多数の子孫が誕生して初めて、より適応した個体が選択され、そのことによって生命は進化できます。ソラリスが一つの個体だとすると、どのようにそのような高度な生命体が誕生したのか、自然選択では説明がつきません。

ただし、ソラリスの海が、過去にソラリスで繁栄していた知的生命体が残した人工物である可能性はあります。そう考えると知的な有機生命体が、惑星全体で一つだけ存在する理由も理解できます。すなわち、過去の知的生物によって自己意識をもった有機計算機として創造されたものが、ソラリスの海として見えている有機生命体だという可能性です。

それでは、こうした有機生命体がヒトの意識に働きかけて、死んだはずの妻をよみがえらせることは可能なのでしょうか？

ヒトが精神疾患を患うと、現実にはないものやいない人が見える、幻視という症状が起きることがあります。また、LSD《エルエスディー》などの薬物によって同様の症状が出ることもあります。しかし、惑星ソラリスで起きた現象はそれよりももう少し現実に近く、現れた妻はあたかも現実の人として振る舞います。すると、この妻は何らかのクローン技術で作成され

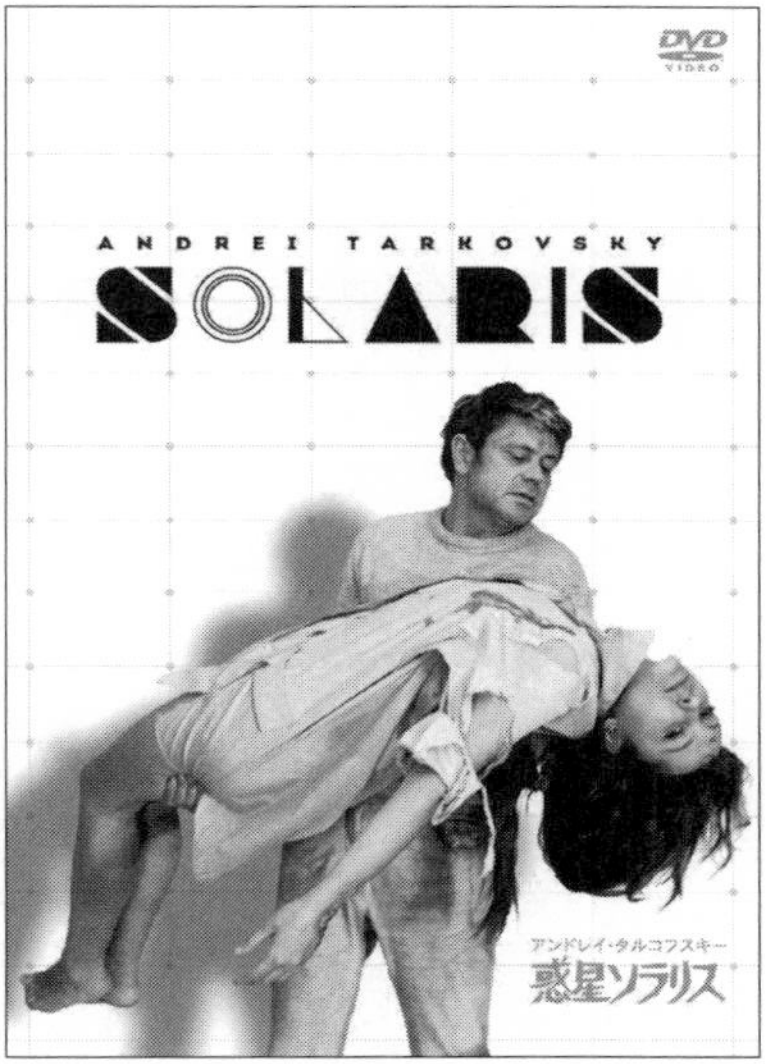

図⑮　「惑星ソラリス」（1977年日本公開、旧ソ連、アンドレイ・タルコフスキー監督）は、ポーランドのSF作家スタニスワフ・レムの『ソラリス』が原作。写真はDVD（発売元：アイ・ヴィー・シー、2013年発売）のパッケージ

たのか、あるいはソラリスの海がクリスの脳神経に働きかけて幻視を見せていることになります。

いずれにせよ、ソラリスの海はクリスの意識および無意識を読み取っていることになります。不可能とはいえませんが、読み取るだけでも大変な技術です。

映像を見せるのはさらに高度な技術です。かりに、クリスの脳の構造を神経結合系のレベルで判読できたとします。電極を埋め込んで視神経にその映像を伝えることはできます。しかし、神経や脳への接触なしに直接働きかけることはかなり困難です。遠隔から脳の多数の神経を同時に経時的に刺激しないといけないのですが、神経ごとに識別する精度を求められるので、〇・〇一ミリの精度で狙《ねら》い撃ちしないといけません。頭を固定してやっとできる程度です。移動し続けるクリスの脳を対象に、刺激し続けるのはかなり困難です。

この映画は、人間が知覚によって感じる外界と、現実の存在との関係を考えるための教材と考えておくのがいいように思います。

魂の離脱は想像上の概念

「ファンタスティック・プラネット」（一九七三年公開、フランス／旧チェコスロバキア、ルネ・ラルー監督）はアニメーション映画で、人間よりもはるかに大きい知的生命と共存する「人類」の住む惑星が描かれています。実写映画と比べて、想像を映像化する上での制約がはるかに少ないため、アニメーションでは自由な世界が構築できます。

この作品でも地球の生物とはまったく異なった生物の姿が描かれます。人間よりもはるかに大きい知的生命は、二足歩行で、手を使って道具をつくり、高度な技術文明をもっています。その大型の知的生命から見たときには、その星の「人類」は地球の人類にとってのアリのような存在です。

知的生命は、技術的にはるかに遅れた「人類」を捕まえて、子供のペットとして飼育します。飼育から逃げ出した「人類」は、やがて科学技術を知的生命から盗み、ロケットを開発して惑星の衛星へ到達します。そして、瞑想《めいそう》している知的生命から離脱した魂《たましい》が、生きるための生命エネルギーをその衛星で獲得していることを知ることになります。

生命における知識や技術の重要性を暗示する、フランスらしいアニメーションといえます。おなじみの人食い植物や、赤や青、オレンジ色の植物が出てきます。赤やオレンジで光合成は難しいなどと批判せず、ほんわかした雰囲気と地球ではあり得ない生物の色や形を楽しむのがよさそうです。もちろん、魂の離脱はありえません。魂は頭脳が生み出した想像的概念で、物理的実体として存在する理由がありませんので。ファンタジーを楽しむのも、SFの大きな楽しみの一つです。

存在してもおかしくない爬虫類型エイリアン

「スター・ウォーズ」（一九七七年、アメリカ、ジョージ・ルーカス監督）には、非常に多くの種類の知的生命が登場します（この映画シリーズは超大作なので、別の視点から第八章でも取り上げます）。まずここで取り上げるのは惑星カミーノの爬虫類《はちゅうるい》型知的生命体カミーノアンです。カミーノアンは二本脚で直立歩行、二本の手をもっている点は地球人類と同じです。知的な生産活動を行うためには、頭脳だけでなく、手による作業が必須《ひっす》であることは前述しました。

カミーノアンの顔には二つの眼と、二つの鼻の穴、口があり、会話や情報交換が地球人類と同じようにできます。ただし、外観からわかる頭蓋骨《ずがいこつ》と全身骨格の特徴は哺乳《ほにゅうるい》類型とは少し異なる爬虫類型になっています。青白い肌をしています。

第五章でも説明したように、こうした爬虫類型知的生命は誕生してもおかしくありません。直立歩行で手を自由に使うことができ、陸上に適応しているので、道具の作成と使用もできます。可視光線と音も、外界の把握《はあく》と情報の交換に使うことができます。高度な知識と技術を発達させるだけの身体構造の条件はそろっています。

人類なのか、平行進化した地球外生命なのか

ここからの二作品は小説です。第三章で取り上げた『三体』、第四章で取り上げた『タイタンの妖女』も小説です。映像で表現する映画より、文字で表現する文学のほうが、さらに大きな世界観を描くことができます。

『星を継ぐもの』（ジェイムズ・Ｐ・ホーガン、一九七七年、イギリス）は、ロンドン生まれのＳＦ作家、ホーガンのデビュー作です［図⓰］。

月の洞窟《どうくつ》で宇宙服に包まれた死体が発見されます。死体は五万年前のもので、どう見ても人間と思われました。Ｘ線《エックスせん》撮影で調べると、骨や歯の様子は類人猿《るいじんえん》とは異なり、人間のものでした。ということは、五万年前に人類はすでに月に行く技術をもっていたということになります。しかし、人類が五万年前に高度な科学文明をもっていた痕跡は地球には残っていません。

この人骨は「チャーリー」と名付けられます。チャーリーがもっていたメモ帳のような

ものが発見されましたが、そこにあった文字は、現在の地球のどのような文字とも異なっていました。多数の研究者の共同研究でその文字の解読が行われました。すると、不思議なことがいくつも発見されていきます。

チャーリーはミネルヴァという惑星から月にやってきましたが、ミネルヴァでは二つの国のあいだで全面戦争が繰り広げられていました。しかも、月には巨大な兵器が建設され、ミネルヴァを攻撃していたこともわかりました。

ミネルヴァとは地球のことなのでしょうか。チャーリーは人類なのか、別の場所で平行進化して人類とまったく同じような形態になった生命体なのか。

ミネルヴァは現在の火星と木星のあいだにある小惑星帯《しょうわくせいたい》の位置にあったと推定されました。とすれば、ミネルヴァが破壊されて現在の小惑星になったのかもしれません。しかし、そうだとするとチャーリーと現在の地球人類との関係はいよいよわかりません。

さらに、木星の衛星ガニメデで、チャーリーよりもさらに進んだ科学をもっていた地球外生物の宇宙船が発見されました。宇宙船は今から二五〇〇万年前のものであることがわかりました。そして驚くべきことに、この宇宙船はたくさんの生物をノアの方舟《はこぶね》のように運んでいたようなのです。しかもそれらは今から二五〇〇万年前に地球に生きていた生物でした。こうして、新たな謎《なぞ》が次々と現れます。最後に、予想もしない発見によってこれらが解決していきます。

正確な科学的知識に基づいた作品

この物語は、高度な科学的知識を総動員して謎を解決していく、探偵ドラマです。サイエンスフィクションの中にはフィクションがファンタジーと化して、楽しくはあっても現実離れした要素の強い作品もあります。それとは異なり、本作品はしっかりとした科学的知識に基づいた作品です。とくに惑星科学における最新の考え方を取り入れています。これらの科学的知識はおおむね正確で、生物学的記述には異論を差し挟む余地がほとんどありません。

とはいっても、この作品の発表された一九七七年にはなかった科学的知見もあります。それは、分子遺伝学の知識、なかでも生物の遺伝子やゲノムを解読する技術です。これらの技術が急速に進歩したのは一九八〇年代以降です。

現在では生物のＤＮＡに記録された遺伝子を簡単に解読できます。解読した遺伝子の情報、つまりＤＮＡ配列をもとにさまざまなことがわかります。ＤＮＡ配列から進化系統樹《けいとうじゅ》を推定できます。

月で発見されたチャーリーのＤＮＡを調べれば、さまざまなことがわかったでしょう。調べたチャーリーの遺伝子がＤＮＡでなかったら、もちろんチャーリーは地球人類ではありません。遺伝子がＤＮＡならば配列を解読します。ＤＮＡ配列が地球人類と似ていなければ、チャーリーは別のところで進化した、地球人類と縁もゆかりもない生き物だということがわかります。

ＤＮＡ配列が地球人類と似ている場合には系統樹を作製します。それを見れば、チャーリーが属する人類と地球人類がいつごろ分かれたのかを推定することができます。こうして、ＤＮＡを調べることができれば、チャーリーと地球人類との関係をすぐに判別することが可能です。

申し訳ないことに、チャーリーの由来という、この小説における最大の謎は、ＤＮＡ配列を解読することで簡単に解決してしまいます。それを除けば、この物語は五〇年近くたった今でもまったく色あせていません。今読んでも、最新の高度で科学的な謎解きに引き込まれていきます。

支離滅裂であっても

『銀河ヒッチハイク・ガイド』（ダグラス・アダムス、一九七九年、イギリス）は、イギリスの脚本家によるSFシリーズです［図⑰］。

さえないイギリス人アーサー・デントは、市が行っているバイパス工事で、自宅が取り壊されてしまいそうになります。アーサーは自宅の取り壊しを、体を張って妨害します。その最中に数年前に知り合いになった友人フォード・プリーフェクトがやってきました。フォード・プリーフェクトは「超空間高速道路を建設する計画があって、そのために地球が破壊されてしまうので、すぐに地球を脱出する必要がある」と言います。じつは、フォード・プリーフェクトはベテルギウス星系の第五惑星出身の宇宙人だったのです。

破壊される直前の地球からの脱出に成功した二人は、ヴォゴン星人の輸送船に潜《もぐ》り込みます。しかし、二人は宇宙船内でヴォゴン星人に見つかってしまい、宇宙空間に放り出されます。ところが、ありえないほど小さな確率の偶然によって、二人は銀河帝国大統領ゼイフォード・ビーブルブロックスの乗った宇宙船「黄金の心」号に救出されます。一行《いっこう》はすでに滅びたと思われていたマグラシア星に到着します。そこで出会ったのは地球のネズミでした。二人は地球がネズミによって支配されていることを知らされます。

イギリス人向けの皮肉と冗談が満載の物語です。訳者による冗談の解説がついています。物語の筋も冗談に近い部分が多く、支離滅裂に思えることには目をつぶりましょう。

「黄金の心」号のお披露目式に参列している技術者たちの顔ぶれがユニークです。「黄金の心」号を建造したのはほとんどがヒト型知的生命ですが、あちこちに爬虫類型知的生命の原子取扱技術者が混じっています。ほかにも、緑色の妖精型知的生命の超虚数学者、タコ型知的生命の物理構造学者、フルブー（超知性を備えた青い色の実体のない高次元生命体）が式に参列していました。

ヒト型と爬虫類型の知的生命が誕生する可能性については、先述しています。

タコは進化の過程をみると、意外なことにヒトよりも昆虫に近い生物です。タコは外骨格も内骨格ももちません。タコに近いイカでは身体に骨のような構造をもっているものもいます。哺乳類と同じように、レンズのある目を二つもっています。タコ型生命体の可能性についても、第五章で説明しました。

妖精型とフルブーは、おとぎ話としておきましょう。

この作品は科学知識と現実の隙間を狙った作品といえます。たとえば、宇宙空間に放り出されたアーサーはほとんどあり得ない確率で宇宙船「黄金の心」号に救出されます。これは確率がゼロでないので、まったくあり得ないとは断言できません。科学知識と現実の隙間を描いています。

どのような予測であっても、それは現在の科学知識の限界を超えることはできません。

図⑯（右）　ロンドン生まれのＳＦ作家ホーガンのデビュー作で、1977年刊行。上の書影は邦訳『星を継ぐもの』（池央耿訳、1980年、創元SF文庫）
図⑰（左）　イギリスの脚本家ダグラス・アダムスによるSFシリーズで、1978年放送のラジオドラマが最初。その後、小説、テレビ、映画にも。上の書影は小説の邦訳『銀河ヒッチハイク・ガイド』（安原和見訳、2005年、河出文庫）

未来の技術が、現在はあり得ないことを可能にするということは常にあるわけです。可能性がゼロでなければ、その中には現在の科学や技術を発展させる鍵があるかもしれません。現時点ではほとんど冗談なのですが、まったくあり得ないともいえない。このSFはそういった現在の科学知識の隙間を描いています。

合理的な姿形をした知的生命

「E.T.」（一九八二年公開、アメリカ、スティーブン・スピルバーグ監督）は、宇宙人の登場するサイエンス・ファンタジーの最高傑作です。一九八二年に公開されましたが、二〇〇二年にはCG技術などを駆使して新たな映像を加えた「E.T.20周年アニバーサリー特別版」が公開されました。

物語は、地球に植物採集にやってきた宇宙船の着陸から始まります。それに気がついた政府機関が近づくと宇宙船は逃げてしまいましたが、一人の宇宙人が取り残されてしまいます。取り残された宇宙人は地球の子供に見つかり、次第に子供と仲良くなります。

この作品に登場する宇宙人は目が大きく、カマキリのように顎《あご》が細くて顔は三角形です。鼻と口のあいだが広く、首が細長くて顔が前方に飛び出ています。胴体は太くて長く、短い脚が二本ついています。皮膚には粗《あら》いしわが入っていて、地球の生物で似ているものがあるとすればカメの首に見られるしわでしょうか。うろこがあるかどうかははっきりしませんが、皮膚の外観からすると哺乳類型に近い宇宙人といえます。

宇宙人は地球のおもちゃやガラクタを集めて通信機をつくり、宇宙と交信します。宇宙人は枯れた花を生き返らせ、人間の子供と感情を共有する能力をもっています。もちろん、これはファンタジー、楽しい空想の世界です。ありえない、けれどもあったら楽しい話を、どれだけ本物のように見せられるかが監督スピルバーグの才能です。すばらしい映画です。

それでも宇宙人の姿形は合理的で、こんな宇宙人がどこかにいるかもしれないと思わせます。首が細長く前に突き出ている点だけは不自然ですが、地球よりも少し小さい、重力の低い惑星に誕生した知的生命なのかもしれません。

残る「人間時代の記憶」

「第9地区」（二〇〇九年公開、アメリカ／南アフリカ共和国／ニュージーランド、ニール・ブロムカンプ監督）では、南アフリカ共和国のヨハネスブルク上空に巨大宇宙船が現れました。

宇宙船の中で多くのエイリアンが発見され、地球の難民村第9地区に保護されます。エイリアンの身長は地球人類と同じくらいですが、地球の甲殻《こうかく》類のエビにそっくりの姿形をしています。そこで地球人類はエイリアンを「エビ」とよんでバカにしました。

エイリアンの増殖力は高く、どんどん増えていったので、それに対応するため第10地区が新たに準備されました。エイリアンを第10地区へ移動させる作業の責任者にお人好しの担当者ヴィカスが任命されます。ヴィカスは移動の作業中に、エイリアンが製造した謎の液体を浴びてしまいます。ヴィカスの身体は次第に、エイリアンの身体に変化していきます。

登場するエイリアンは外骨格《がいこっかく》をもつ甲殻類型といっていいでしょう。使用する武器は強力で、科学技術力は高いことがわかります。そこで人類のギャングはエイリアンの武器を使おうとするのですが、エイリアンの武器はエイリアンのＤＮＡだけに反応し、エイリアン以外には使えない仕組みになっていました。

エイリアンはそもそも、巨大な宇宙船を建造するだけの科学技術力をもっていたはずです。ところが地球にやってくる過程で支配層はなぜか死んでしまったようです。残されたエイリアンたちはお人好しですが、知性があまり高いとはいえません。

エイリアンの手は二本ですが、太い爪《つめ》を先につけた三本の指はあまり器用には見えません。それでも支配層は、高度な装置を開発できる高い知性をもっていたのでしょう。

謎の液体によってヴィカスの身体が変化する様子は、幼虫からサナギ、成虫に変態する昆虫を模しているのだと思います。昆虫が変態する際には身体の中に次の段階の身体をつくる原基《げんき》ができ、そこから新しい身体ができ上がっていきます。その過程で外骨格の中身は一度分解されて栄養スープ（細胞やタンパク質が分解されてアミノ酸や核酸を含む有機物溶液になったもの）になり、原基から新しい身体が再構成されます。

エイリアンの身体が生きた人間の身体の中にでき上がっていくというのは、ずいぶんと気持ち悪い話ではありますし、おそらくその途中で人間は死んでしまいそうですが、まったくありえないことではなさそうです。

新しくでき上がったエイリアンの身体の中に、もとの人間の人格が保持されている可能性もあります。サナギから羽化《うか》するタバコスズメガが、幼虫時代に覚えた匂《にお》い（化学物質）を覚えていたという実験結果が報告されています。

人間の人格を形成する脳が、人間型の身体からエイリアン型の身体に移行する際に受け継がれればよく、そうすれば、エイリアン型になった人間にはもとの人間の記憶が残っていることになります。

植物の相互交信は可能か

「アバター」（二〇〇九年公開、アメリカ、ジェームズ・キャメロン監督）は、興行収入で歴代世界第一位となった大ヒット映画で、四本の続編製作が決まっているそうです。

アルファ・ケンタウリ系惑星ポリフェマス最大の衛星パンドラに、稀少鉱物《きしょうこうぶつ》が発見されました。稀少鉱物を採掘するために人類はパンドラに進出しますが、パンドラには先住民が住んでいました。その先住民と接触するために人造生命体（アバター）がつくられます。アバターに操作員の神経を無線接続させて遠隔操作し、先住民との接触が図られました。

やがて、パンドラの先住民たちと、掘削《くっさく》を進める会社との戦争が始まります。会社の機械力は圧倒的で、パンドラの先住民を含む動物たちはどんどん追い詰められていきます。そこで活躍したのがパンドラ生命のネットワークです。

パンドラに生息する植物は惑星全体をネットワークで覆っています。パンドラの生物はそのネットワークと交信できます。ネットワークの力でパンドラ生命が協力し、戦闘状況を巻き返していきます。

地球上の多細胞生物は、動物、植物、カビ、多くの藻類《そうるい》など数種類があります。その中の大部分は光合成をする種類ですが、カビと光合成をする生物は神経系をもっていません。多細胞動物だけが餌《えさ》を捕《と》るために神経系を発達させました。多細胞動物の最も下等な種類である腔腸《こうちょう》動物は、クラゲやイソギンチャクの仲間です。腔腸動物は口と肛門が一つになっていて、食べたものを腔腸で消化して、消化しきれないものは口から吐き出します。この最も下等な多細胞動物ですら、神経系をもち、触手《しょくしゅ》の刺激を受けて触手や口を動かします。

植物は光が当たる方向に伸びることはありますが、多くの場合、急な動きはしません。食虫植物の場合には餌がくると反応して餌を挟み込んだり閉じ込めたりします。神経はありませんが、餌がくると反応します。反応して動くのは餌を捕まえるためであるということがわかります。

パンドラの植物が互いに交信するというのはどうでしょう、ありえるでしょうか。

地球で考えると、竹藪《たけやぶ》の竹は地下茎《ちかけい》でつながっていて、かなり広い面積を一つの個体で占めることがあります。カビの中には数百メートル以上にわたってクローンが土の中に広がることが知られています。これらは、つながってはいますが、そもそも植物やカビは神経をもっていないので、シグナル伝達はしていません。

細菌の中には数センチ以上の長さにわたって電子伝達をしている種類が見つかっていますが、これは酸化還元反応を行ってエネルギーを得るためです。細菌の細胞が数百キロもつながるというのは考えにくいです。そうすることの利益はないからです。

パンドラの植物は地球の竹藪のように互いにつながっているかもしれませんが、神経系で情報伝達をして共同で反応するという仕組みを進化させる理由はなさそうです。植物や細菌が化学物質（匂《にお》い）で情報伝達することはあります。ただし、この情報は単純な情報だけで、複雑な情報伝達は困難です。

パンドラの先住民が、植物の情報伝達システムに頼って反乱を組織するのは難しそうです。

第七章　地球人類のさらなる進化

進化は無理でも技術力で

ここまで「地球外知的生命」について検討してきましたが、本章と次の第八章では、「地球人類の未来」を見ていきます。地球の「知的生命」である人類は、高度な知能を獲得して、技術力によって地球環境を変えてしまうほど進化しました。人類は今後、さらなる進化を遂げるのでしょうか。

生物の進化は非常に遅く、何万年、何十万年という単位で起きる現象です。人為的に遺伝子操作をしない限りは、数十年、数百年の単位で人類の身体能力そのものが進化することはありません。

SFの中では、進化して超能力を身につけた人類が数多く登場します。コミックや映画でおなじみのスーパーヒーロー「X－MEN《エックスメン》」がその代表です。自分の身体が負った傷をすぐに修復する能力、表皮の形状と色を変えて他人になりすますことのできる能力、ものを動かすことのできる念動力、他人の考えを読み取る能力、嵐や雪や風などの天然現象をよび起こす能力、目からレーザー光線を発する能力、一瞬で他の場所に移動するテレポーテーション能力。

残念ながら、ヒトが進化してこれらの能力を身に付けることはほとんど不可能です。これらの現象を起こすためにはエネルギーと、エネルギーを発する器官が必要ですが、それらの器官を「進化」で発生させるには気の遠くなるような時間の経過が必要だからです。

ならば、何万年、何十万年後であれば、ヒトは進化によって夢のような能力を獲得する可能性はあるのかと問われれば、それもありません。生物の進化は、さまざまな変異を起こした個体の中で、生存に有利な変異をもつ個体が子孫をふやすことで起きます。X－MENに登場する能力の大部分は、現在のヒトの身体の仕組みから変異で起きることは極めて難しいからです。

一方、遺伝子操作技術を用いれば、実現しそうなものもかなりあります。病気や精神ストレスに対する耐性などは遺伝子操作で実現するかもしれません。

ただしそれでも、それ以外の特殊能力を、誰かが遺伝子操作で身に付けようとするでしょうか？　それは疑問です。こうした特殊能力のいくつかはヒトの身体を変化させなくても、技術力で実現可能だからです。わざわざ身体の構造を遺伝的に変えてしまう危険を犯す理由があるようには思えません。

人類はすでに高度な技術力を獲得しています。科学や技術はすばらしい速度で発展しているので、かつては夢だったこと、あるいはフィクションの世界でしかありえなかったことがこれから次々と実現していくはずです。

ここでは今後の技術力の向上によって実現できそうな能力を考えてみます。「進化」による能力の獲得はあまり期待できませんが、後付けの装置を身に付けることで可能になる能力はいろいろありそうです。

自己修復能力は高められるか

刃物で身体を刺されても修復できるような能力をもつことはできるでしょうか。我々がナイフなどで皮膚を切った場合、小さい傷なら二〜三日で、大きい傷でも数週間ほどで修復します。その速度を高められれば、一〜二分で大きな傷がみるみる修復してもいいのではないかという気もします。

傷の修復の仕組みはある程度わかっています。傷ができると、まず血液や体液が滲出《しんしゅつ》してかたまり、瘡蓋《かさぶた》をつくります。傷口の細胞は増殖を始めて新しい組織をつくって傷を埋めていきます。

修復にかかる時間は細胞の増殖速度に左右されるので、その増殖速度を高めれば傷の修復は早くなるはずです。修復の仕組みがもう少し詳しく解明されれば、そこに作用する医薬を開発することによって修復が早まることはあるかもしれません。

トカゲは尻尾《しっぽ》を切られても修復します。トカゲにできるのだからヒトにだってできるはずです。多くの超能力の中で、この能力だけは（ある程度は）獲得できるかもしれません。ただし、それを突然変異によって獲得する可能性はありません。

突然変異は方向性というものがなく、まったくでたらめに起きるからです。人間の特定の能力を、偶然の突然変異によって獲得することはまずありません。

一方、修復機構に作用する医薬や、部位特異的な遺伝子制御を行えば、修復能力の獲得は可能かもしれませんが、こうした医薬品を使うことには大きな危険が伴います。傷を修復しようとして、細胞増殖速度を上げようとすると、がんを引き起こす可能性があります。

ヒトの身体の中で、いったん増殖のとまった細胞が再び増殖を始める場合があります。それは「がん」が発症した場合です。ヒトの身体が傷を治すときにも、いったん増殖が止まった細胞が再び増殖を始めます。しかしこの場合には、よく制御された仕組みによって、ゆっくりと細胞が増殖するので「がん化」の心配はほとんどありません。ところが、細胞の増殖速度を人工的に促進しようとしたときには、細胞が急速に増殖して「がん化」する危険があります。そこでそれを避ける方法が必要です。がん化を防ぎつつ細胞増殖速度を高める方法が見つかれば、傷の修復を早めることができるようになるかもしれません。

怪力は出せるか

並外れた力、「怪力《かいりき》」はどうでしょう。

一般的な人類よりも強い力を出すことができるスポーツ選手はたくさんいます。トレーニングを積んで筋肉を増強すれば、怪力を出せるようになります。

力を出す仕組みは、筋肉の中の細胞にあります。筋肉の中にある筋細胞には、アクチン繊維とミオシン繊維という二種類の繊維がきちんと配列されています。アクチン繊維が細胞に固定されていて、ミオシン繊維はアクチン繊維とアクチン繊維のあいだをつなぐように配置されています。

「縮め」という電気信号が神経から筋細胞に伝えられると、ミオシン繊維はアクチン繊維の中に滑《すべ》り込んでいきます。その結果、アクチン繊維を固定している筋細胞の長さが短くなり、筋肉は縮んで力を出すことができます。

筋肉の力の強さは、筋肉の断面積で決まります。トレーニングによって筋肉の断面積が広くなれば、筋肉の力が強まります。ステロイドホルモンで筋肉の断面積を大きくすることもできます。ただし、このホルモンの利用には副作用が伴うので、スポーツ選手がステロイドホルモンを利用することは禁止されています。

そうした現実はおいておいてステロイドホルモンを使って筋肉の断面積を広げれば、通常サイズの筋肉に比べてはるかに強い力を出すことができるようになります。しかし、これだけでは不十分です。筋肉は末端で骨に固着しているので、同時に骨の強度と、固着部分の強度を上げる必要があります。

つまり骨やその周辺の構造をまるごと大きくするということですが、簡単に言ってしまえば、大きな身体になれば強い力を出せるのです。相撲取りやプロレスラーはこれを実現した個体ということになります。

ただし、現在の技術で骨を太く強くするのは不可能なので、相撲取りを選抜する際にはもともと骨が太く大きい若者を選びます。骨が太く大きければ、トレーニングによって筋肉を太くすることが可能だからです。

さらに強い怪力を出せるヒトをつくるには、大きな身体のヒトをつくればよいことになります。これを実現したのが、アメリカンコミックや実写テレビドラマで人気を博した怪力キャラクター「ハルク」です（日本では一九七九〜八〇年「超人ハルク」をテレビ放送。二〇〇三年と二〇〇八年には映画化もされている）。

普段のハルクは一般的な白人の体型ですが、ある種の刺激によって身体のサイズが大きくなります。そのようなことが現実に可能かと言えば、ありえません。大きな身体をつくろうとすれば、身体をつくる材料を取り入れて、筋肉タンパク質を合成しなければならないので、時間がかかります。数秒で身体をつくるだけのアミノ酸や骨の材料を取り込んで大きな身体になることは不可能です。

もう人体を改造するのはやめて、技術力を駆使すれば、怪力は実現できます。後付けの装置を開発すれば、大きな力を出すことは可能です。

すでに介護の世界では、こうした機具が開発され、利用されています。被介護者の身体を支えたり動かしたりするのには大きな力が必要です。介護者の胴体と腕、脚を支え、その動きを補助する装置がすでに利用されています。

今のところ、動き（力）を補助する道具として使われていますが、「動く」という動作者の信号の受け取りスピードと、動作部のスピードを上げれば、速く動くことも必要に応じて可能なはずです。高速で移動するための補助装置は、腕や脚を事故で失った人のための装置として開発されています。怪力も装置の力を強くするだけなので、ほどなく開発されるでしょう。

透明人間になれるか

皮膚の色を変化させたり、皮膚を保護色にして身を守ったりする能力はどうでしょうか。アオムシの仲間には、枝の色に合わせて緑と茶色に身体の色を変化させる種類があります。タコの仲間には、海底の砂や岩の色に合わせて身体の色を変化させることのできる種類があります。

タコの場合、表皮に何種類かの色素細胞があります。色素細胞は色素を細胞全体に広げることで発色し、色素を一カ所に集めることで発色を抑えます。何色かの色素細胞があるので、さまざまな色をさまざまな場所で発色することができます。

ヒトの表皮には、メラニン色素をもつ細胞があります。メラニンは紫外線にあたることで合成され、皮膚で茶色の発色を起こします。これが日焼けです。しかし、メラニンの合成はできますが、その分布を制御する仕組みはヒトの身体にはないので、メラニンの表皮細胞での広がりや集中を意図的に起こして短期間で色を変えることはできません。

暑いときやアルコールを摂取したとき、恥ずかしいときなど、その刺激でヒトの毛細血管は広がり、血液の赤みによって皮膚の色が赤みを帯びることがあります。ヒトの場合、これが皮膚の色を短時間で変える唯一の方法です。

ほかの色の色素細胞はないので、ヒトが保護色を発色するためには色素細胞を何種類か表皮に発現させ、次に色素の集中と拡散を制御して保護色にしなければなりません。これがなかなかの難題です。

眼で見た外界の模様を再現しようとするなら、眼で見た画像に合わせて身体の皮膚の色素細胞を制御しなければなりません。これらを「進化」で行うことはほとんど不可能です。人工的に遺伝子操作をすればなんとかできるかもしれませんが、現状では、遺伝子操作は受精卵の段階で行う必要があります。倫理的にできません。

さて、ここで忘れてはならないことがあります。かりに遺伝子操作によって、眼で見た画像によって皮膚の色素細胞を制御して保護色を身体全体に出すことができたとします。しかし、全裸でいる必要があります。服を着ていては無意味です。

身体の色を変えるのは難しいのですが、液晶表示装置をレオタードのように身にまとえば、ある程度は保護色で身体を覆うことができそうです。液晶に自分の希望の画像を表示すれば、ヒョウ柄、トラ柄、シマウマ柄など、いろいろな模様の身体になれます。

日本のみならず海外でも高い評価を得て、アニメもヒットしたＳＦ漫画『攻殻機動隊《こうかくきどうたい》』（英語名『GHOST IN THE SHELL』）では、サイボーグの主人公、草薙素子《くさなぎもとこ》がレオタードタイプのスーツを着て、それに撮像《さつぞう》した背景の画像を表示することで、透明人間を実現しています。

つまり、自分の背後の風景が身体の表面に映るので、少し遠くから見ると風景が見えているだけで、そこに草薙素子は見えません。この機構は、映画「プレデター」で登場するエイリアンも採用しています（アニメ映画「攻殻機動隊」は第八章で改めて取り上げます）。

ただし、この方法では一方向（例えば正面）にいる敵に対して姿を隠す（迷彩する）ことはできますが、敵が横あるいは後ろなどさまざまな方向にいる場合には隠れることができません。

さまざまな方向の敵に対応するためには、単なる液晶ではなく、筒型レンズを組み合わせる必要があります。筒型レンズ（透明繊維でいい）の周囲一八〇度ほどに細長い半円筒状の超小型液晶を貼り付けて、方向ごとにそれぞれの方向に対応した背景を投影すれば、さまざまな方向から見ても背景に溶け込んで見えます［図⓲］。

ただし、液晶表示だけでは限界があります。ライオンのたてがみやほかの人の顔など、立体感があるものを投影して見せるには、ホログラムの技術を応用する必要があります。

現実の世界でも、画像はどのような画面にも映写することができますが、レーザー技術を用いると、画面のない空中にも画像を立体的に投影することができます。するとあたかもそこに三次元の立体があるかのように見えます。

現時点はまだ、十分な解像度と色彩でホログラムを投影することはできませんが、やがて可能になるはずです。任意の人の三次元の画像を作製することはすでにできているので、自分の顔や頭の位置に、ほかの人のホログラムを投影すれば、ほかの人に変装することができます。ライオンにもなれるはずです。

これは映画「トータル・リコール」で、主人公クエイドが火星の出入国管理ゲートを違法に通過しようとする際に利用した技術です。映画では機械の故障によってホログラムが壊れてしまいます。クエイドは中年女性に変装していたのですが、それがばれてしまいます。シュワルツェネッガー演じるところのクエイドは、物理的な力、つまり腕力で問題を解決して入国審査を強硬突破しました。

別人に変身できるか

顔立ちを変えて別人に変身するのはどうでしょう。現在でも、整形手術があります。映画やドラマでは、整形手術で顔を変えて別人になりすます設定は珍しくありません。

整形手術では、骨を削って出っ張った部分をへこませ、シリコン樹脂製の構造体を皮膚

図⑱　透明人間は実現できるかもしれない。繊維に縫い込んだ筒形レンズに液晶を貼り付け、周囲の景色を映す。これにより、カメレオンのように周囲の景色に溶け込める

の下に入れることで、ふくらみをつくります。皮膚を少し伸ばすだけであれば、ボツリヌス毒素という筋肉弛緩《しかん》剤が使われます。筋肉を弛緩させることで、その筋肉の外側の皮膚のしわを伸ばす効果があります。

では、自分の顔の構造を自分の意識で変えることは可能でしょうか。ある場所を一時的にふくらませるだけであれば、筋肉を収縮させることで可能かもしれません。それでも、顔を自由にふくらませるとなれば、顔の多くの場所に異なった形状の筋肉を配置しておく必要があります。また、それを意識的に収縮し続ける必要があります。なお、ふくらませることはできても、へこませることは困難です。骨を自分でへこませることはできないからです。

最も難しいのは、その制御です。他人の顔を見て、自分の顔の構造や大きさとの差を判断し、その差を修正するべく筋肉を操作しなければなりません。できるとしても、かなりのトレーニングが必要になります。しかも、骨を修正したりへこませることができないので、自由自在にというわけにはいきません。自分の顔の形を自由に変えるのは、かなり困難です。

レーザー光線は出せるか

ヒトの眼にはレンズがあります。とすれば、レーザー光線を出すこともできるのでしょうか。

まず眼の仕組みを見てみましょう。眼のレンズは光を集めて、外界の物体の像を網膜《もうまく》上に結びます。網膜上に焦点を結んだ像を視神経で読み取ります。その結果、ものを見ることができます。

サイエンスフィクションで描かれる「眼からレーザー光線を出す」という現象は、おそらく眼のレンズを使って集光するイメージから発想したと思われます。ところが、眼のレンズはレーザー光を出すようにはできていません。

レンズを使って集光する仕組みとしては、サーチライトや灯台があります。サーチライトではキセノンランプや白熱電球が、灯台ではハロゲン電球が光源として用いられています。これらは、小さい面積のフィラメントから四方に広がる光を発する光源です。小さい面積の光源のことを「点光源」といいます。

レンズは点光源から広がる光を集めて、「平行光《へいこうこう》」にするのに使われます。四方に広がる光は遠くにいくとどんどん弱まりますが、平行光に近い光にすることで、遠方まで光が届くようにしているのです。

さて、この仕組みは点光源から広がる光を平行光にするにはいい仕組みですが、レーザー光線を遠方まで届かせる仕組みとしては使えません。レーザー光は光を出すときにすでに平行光として発光する仕組みになっているからです。

したがって、レーザーにレンズを追加すると平行光ではなくなってしまうので、レンズはむしろ邪魔《じゃま》な存在です。レンズが不要なので、眼をレーザー発射器官とする理由はなくなってしまいます。

それでは、レンズは気にしないことにして、単にレーザー光を発することだけを考えたらどうでしょう。例えば、生物で光るものといえばホタルです。ホタルの光の強さは、種類や光り方によって異なりますが、一匹〇・〇〇二カンデラ（「カンデラ」は光度の単位でcdと表記します）とすると、出力は次の式で求められます（lumenはルーメンと読み、光の出力強度を表します。だいぶ複雑ですが、四方に広がるホタルの光の波長を五五五ナノメートルとすると、一カンデラは一二・六ルーメン、一ルーメンは約一・五ミリワットになります）。

$$0.002\ \mathrm{cd} \times 12.6 = 0.025\ \mathrm{lumen} = 0.025 \times 0.0015\ \mathrm{W} = 0.000037\ \mathrm{W}$$

レーザーを使って材料を加工する機械があります。三ワットのレーザーを繰り返し当てると四ミリのベニヤ板を切ることができます。三ワットの光を出すためには、ホタルを八万匹集める必要があります。ホタルを八万匹集めて、その光をレーザーとすることができれば、ベニヤ板程度は切ることができるようになるはずです。

ホタルの尻尾《しっぽ》にある光る部分だけ集めると一匹分で二〇ミリグラムくらいです。八万匹分だと、一・六キログラムです。

ヒトの大人の眼球は直径二四ミリ、重さ約七グラムです。大人の眼球すべてにホタルの尻尾を詰めたとしても、残念ながら四ミリのベニヤ板を切るレーザー光線を発することはできそうもありません。どうも眼からレーザー光線を発するのは難しそうです。つまり突然変異で進化したとしても、眼からレーザー光線を発する可能性は低いということです。

まったく別の生物発光機構を考える方法もありますが、それよりも既存の電気的レーザーを使うほうが早いでしょう。

気象現象は引き起こせるか

嵐やブリザード、竜巻などの気象現象を引き起こす能力を獲得することはできるでしょうか。

地上のある場所で地面が暖められると空気が軽くなり、上昇気流が発生します。周りの空気が流入することで低気圧、台風、竜巻が発生します。したがって、地上のある場所を部分的に暖められれば、低気圧や台風、竜巻を発生させることができるはずです。しかし、そのために必要なエネルギーはヒトが発生できる熱量を大幅に上回っています。

ヒトの発熱量は一人あたり一〇〇ワット程度です。一方、太陽光は一平方メートルあたり一キロワット程度なので、ヒト一人の発熱量は太陽光〇・一平方メートル分しかありません。そのため、どのようなヒトであっても、その熱エネルギーを全量つぎ込んでも、これらの気象現象を引き起こすことは絶望的です。

それでは機械を使って竜巻をつくることはできるでしょうか？　アメリカの大型の竜巻の威力は一六万キロワット時《じ》で、アメリカの平均的世帯五〇〇〇世帯が一日に消費するエネルギー量と同じです。ヒトが背負える機械で竜巻を起こすのは無理そうです。

他者の心は読めるか

他者の考えを知ることは比較的簡単そうです。だれでも相手と話をすれば、直接知りたいことを聞かなくてもある程度、考えあるいは感情を察することはできます（もちろん得意な人とそうでない人がいますが）。

慣れれば、話をしなくても、顔つきや目の動き、手や身体の動き、筋肉の動き、心臓や呼吸、汗から感情や緊張の度合いをうかがい知ることができます。これは実際、嘘《うそ》発見器で利用されています。

装置を使わなくても、外から観察するだけでもある程度はわかります。Artificial Intelligence：ＡＩ（人工知能）で、やがてかなりのことが分析できるようになるはずです。つまり、人の進化ではなく、装置を用いれば人の感情や心の動きを理解できるようになるはずです。

ＡＩといえば、自動翻訳はかなりのレベルまできています。音声でテキスト入力ができ、外国語へも自動で翻訳してくれます。翻訳後の日本語は自動で発音してくれます。

記憶に関してはすでに、膨大な情報を記憶する能力を多くの人が獲得しています。ほとんどの人がもち歩いているスマートフォンです。何かわからないことがあれば、すぐに検索できます。経路探索もできるので、経路を記憶する必要もありません。スマートフォンによって、みなさんの記憶力はほぼ無限大に増えています。

本体はポケットに入れて、耳にイヤホンをつけて音を聞くヒトも増えています。耳の中に入るイヤホンで検索結果を聞くので、人間の脳への電脳直接接続はあと一歩です。

瞬間移動は可能か

ヒトの高度な知性や技術力をもってしても、その実現がかなり難しいと予想されることも多々あります。テレポート（瞬間移動）もその一つです。

テレポートするためには、まずヒトの全原子構造を読み取る必要があります。現在、立体構造を読み取ることができるものにはＭＲＩ《エムアールアイ》（磁気共鳴画像）装置がありますが、解像度はせいぜい〇・一ミリです。原子の配置を知るためには一オングストローム（一ミリの一〇〇〇万分の一）の解像度が必要で、そう簡単には実現しそうにありません。

かりに人の原子の全配置がわかったとしても、その情報を別の場所に送信して、そこで原子の配置を完全に再現する必要があります。原子と原子を結合させるのは化学反応ですから、そう簡単には自動化できません。

それが可能になったとしても、そこでできあがるのは自分のコピーにすぎず、自分自身がそこに移動するわけではありません。転送された先の自分のコピーは、自分が新しい自分であると教えられない限り、それを明確には意識しません。コピーは、自分があたかも自分自身であるという意識でその後の人生を送ります。

ところが、送った元の自分はそのままです。「新しい自分が向こうにいればいい」と思うのであれば、テレポートの意味はあることになります。しかし、多くの人にとっては、あまり意味があるとは思えません。

さらに大きな問題点として、テレポートする先にこうしたコピー作業を行う機械（ファックス受信機のようなもの）が必要で、いつでもどこにでも瞬時に移動するというわけにはいきません。

かりにいつでもどこにでも瞬時に移動することができたとして、気になるのは移動先がどのような場所であるかということです。地面あるいは建物の床から数センチ程度の高さであればいいですが、そうでなければ落下したり、地面に埋まった状態で姿を現したりすることになります。非常に危険です。

時間移動は可能か

タイムマシンの実現も絶望的です。かりに時間を移動することができたとしても、テレポートと同じことを、時間を超えて実現させなければなりません。同じ場所に移動すればいいと思うかもしれませんが、それが大きな間違いです。

地球が時速一六〇〇キロで自転していることはご存じですね。数時間タイムマシンで移動するあいだに、その場所は一万キロほど自転で移動しています。地球そのものも太陽の周りを秒速二九・八キロで公転し、太陽は秒速二三〇キロで銀河中心を周回しています。

これらすべてを正確に予測したうえで、着地点が地面の数センチ上になるように移動先を指定しなければなりません。ちなみに長い年月を移動する場合には、大陸が動き、地面の高さも移動していますので、それも考慮しないと行った先が海の中あるいは大陸の地面の中、そうでなければ空中というのは十分にありうる話です。

映画「ターミネーター」（第八章でも取り上げます）では、この問題に対応するために、着地点のすべてのものを直径約二メートルの球状に焼き切っています。この方法を実践すれば、土やコンクリートの中に直径二メートルの球状のすきまをつくることはできます。ただしこれだけでは、空中や土の中、コンクリートの中に埋まって出現することは防げません。上空や海の中に出現すれば悲劇です。

アメリカのSFドラマシリーズ「The Crossing」（日本語版の副題は「未来からの漂流者」）では、一〇〇年ほど時間移動する際の位置設定に失敗してしまいます。自由を求めて時間移動した人々は、海中に移動してしまいます。彼らは時間移動には成功したものの、数百人が溺死《できし》してしまいました。

第八章　ＳＦが描く未来からの警鐘

ディストピアかユートピアか

第六章では、サイエンスフィクションに描かれている地球外知的生命の可能性を考えてみましたが、本章では地球人類の未来を描いた作品を取り上げます。そこに描かれている未来の技術や出来事が現実のものとなる可能性はどのくらいあるのでしょう。実現したとして、それは地球人類に平和と幸福をもたらすものなのでしょうか。

優れたサイエンスフィクションは、科学の未来に関する先見性をもっています。あるいは、科学が進歩したときの危険性に警鐘《けいしょう》を鳴らしている場合もあります。危険性が予《あらかじ》めわかれば、それに対応することも可能になります。思考実験によって危険に対する対応能力が高まるかもしれません。

機械化によって人間の能力は高まり、人類はより大きなエネルギーを操作できるようになりました。人類がエネルギー利用を制御できるのであれば、人類滅亡を免れることもできるはずです。ただし、人類が人類全体の活動を制御できるかどうかは、最終的には政治的な問題になります。一人だけの力ではなんともなりません。

人類はこれからも生存し続けることができるのでしょうか。楽観論と悲観論の両方があります。人類がどうなるかは結局のところ、多くの人がどう考えてどう行動するかにかかっています。サイエンスフィクションはその思考実験の場を提供しています。

では、公開（発表）年の古い順にサイエンスフィクションを見ていきましょう。

一〇〇年前に描かれた「機械化」

「メトロポリス」（一九二七年公開、ドイツ、フリッツ・ラング監督）はモノクロの無声映画です。元のフィルムは失われ、編集を受けたさまざまな版が存在します。できる限り復元した完全復元版も入手可能です。ほぼ同時期に出版された脚本も翻訳されています。この作品は「ＳＦ映画の原点にして頂点」とも評されています。

ヨー・フレーダーセンが支配する機械化された大都市「メトロポリス」が物語の舞台です。ラング監督は、当時訪れたニューヨークを登場する都市のモデルにしたと完全復元版のインタビューで語っています。

一九二六年に完成した作品なので、そこに描かれている「機械化」は、自動制御以前の、蒸気機関による工場を再現しています。当時の工場では、機械によって労働者が厳しい労働を強いられる状態でした。

多くの労働者は、ヨーが支配する機械の奴隷のように働かされています。ヨーの息子フレーダーは、父親の支配から独立しようとします。フレーダーは初恋の女性マリーに近づいていきますが、マリーは機械の支配から逃れようとする労働者たちの崇拝《すうはい》の対象だったのです。

メトロポリスの支配者ヨーは、労働者のマリーへの崇拝を欺《あざむ》くため、彼女に似せたヒト型ロボットを発明家につくらせました。この時代に登場するヒト型ロボットは自動的に動く機械ではあっても、自由意志をもつ「生き物」ではありません。ヒト型ロボットは製造者ロートヴァングの指示にしたがって、労働者たちに破壊活動をたきつけます。人間であるマリーと同じ俳優（ブリギッテ・ヘルム）が演技しているので、ヒト型ロボットの動きはなめらかで、姿もほとんどヒトに見えます。現在のヒト型ロボットはまだここまで到達していません。

労働者と経営者の対立という当時深刻になっていた問題を取り上げた映画ですが、ヒト型ロボットをつくり出す場面や近未来都市の映像など映画史にさまざまな影響を与えました。今でも映像を充分楽しめるＳＦの古典です。脚本版には、映画をはるかに超える重層的な世界も描かれています。

自動化の行きつく先

「禁断の惑星」（一九五六年公開、アメリカ、フレッド・Ｍ・ウィルコックス監督）の舞台は、宇宙移民が始まった二二〇〇年代です。

二〇年前にアルタイル第四惑星（アルテア４）に渡った移民団が連絡を絶ってしまいました。そこで移民団の捜索のために、アダムス船長が率いる宇宙船がアルテア４に派遣されました。アルテア４に着いてみると、移民団の生き残りは科学者エドワード・モービアスとその娘の二名だけでした。

アルテア４の探索チームは、夜になると怪物に襲われました。アルテア４には、かつてクレール人という高度な科学文明をもつ知的生命がいました。この怪物はクレール人の遺跡のエネルギーを使って姿を現しました。生き残りの科学者モービアスの潜在意識、自我「イド」が遺跡のエネルギーによって実体化して怪物として出現したのです。

この映画の神髄は人類が推し進めている自動化、すなわち人間の意思に基づくエネルギー制御の行き着く先を暗示しています。人間は動物から進化して、大きなエネルギーを制御できるようになりました。しかし、人間の意識下には動物の本能が眠っています。動物の本性をもったままの人間が大きなエネルギーを自由に扱うことの危うさに、この映画は警鐘を鳴らしています。

人類の祖先オーストラロピテクスの脳が約四四〇ミリリットル、現代人の脳は平均一四〇〇ミリリットル。オーストラロピテクスが誕生してから五〇〇万年、脳の体積は約三倍に増加しました。しかし、現生人類《げんせいじんるい》が一〇万年ほど前に誕生してから、脳の体積はまったく増加していません。人類は人類祖先の本能をほぼそのまま引き継いでいるといってもいいわけです。

高度な科学文明をもっていたアルテア4のクレール人は、原子力から得られるエネルギーを自由に使って具現化し、さまざまな作業を行っていました。知的生命の本能の本質「イド」が、膨大な原子力エネルギーを自由にすると何が起きるのか。おそらく、クレール人たちは「イド」の夢想を原子力エネルギーで具現化して、自滅の道を進んだのでしょう。この映画は、このあと「2001年宇宙の旅」「スター・ウォーズ」と続く名作宇宙オペラの第一作です。

人間が意思によって義肢《ぎし》を自由に動かす技術はすでにできつつあります。脚を動かす神経あるいは筋肉に伝わった信号を義肢に伝えて、脚を失った人の脚の動きを動力で実現します。脳あるいは筋肉の神経に直接、または間接的に接続して操作者の意思を把握《はあく》し、義肢を動かすことができるようになっています。人の意思を伝えて強い力を出すような技術は、第七章で触れたように、すでに介護現場で使われています。この方法で出す力は、技術的にはいくらでも大きくできます。

言葉による電子機器の制御はすでに実用化しています。「アレクサ（擬人化したコンピューターソフトの名、Alexa）、テレビをつけて」と言えばテレビがつき、「アレクサ、温度を上げて」と言えば部屋の温度調整器の温度が上がります。

心配なのは故障です。部屋の暖房器具のスイッチを入れた段階で、故障が起きたらどうなるでしょうか。私は個人的には、こうした環境制御、エネルギーを用いる装置の制御を自動化あるいはコンピューターにつなぐのは、誤作動したときの危険が大きく、フェイルセーフ（何かの誤動作が起きたとき、人命を危険にさらさないように、安全な状態に移行するためエネルギーが切れる設計）の制御システムが確立するまでは避けようと思っています。

コンピューターの「自己防衛」は危険

「２００１年宇宙の旅」（一九六八年公開、アメリカ／イギリス、スタンリー・キューブリック監督）は、地球人類の知識の進歩が、他天体の高度に発達した知的生命によって触発されているのではないかという暗喩《あんゆ》で構成されている映画です。

月の基地開発中に、モノリスとよばれる石が発見されます。モノリスは人類の知的能力を格段に高める効果をもっているようでした。モノリスは木星からやってきたと推定され、木星の衛星に高度な知的生物が存在するのではないかと疑われました。そこで木星の衛星を探査することになります。

主人公デビッド・ボーマンは、木星の衛星で使う探査機を積んだ探査船に乗り込んで出発しました。ところが、探査船のメインコンピューター「ハル」（コンピューターメーカーIBMの三文字それぞれの一つ前のアルファベットを並べてHAL）は、自我に目覚め、暴走を始めます。それに気がついた主人公ボーマン船長はハルを機能停止させようとするのですが、ハルはそれにも気がついてボーマン船長を殺そうとします。ボーマン船長は脱出用のポッドで宇宙へ逃げ出すことにしました。

この映画は、コンピューターの自我の目覚めと人間への攻撃という課題を提起しています。この課題は「ターミネーター」に代表されるコンピューターシステムの暴走というテーマに引き継がれていきます。

コンピューターが自我をもつというテーマはこのあとも、SFでたびたび取り上げられていますが、コンピューターが勝手に自我をもつということはありえません。自我をもつようにプログラムが設定されて初めて自我（といっても部分的な自我）をもつ可能性がある程度です。

とはいえ、現在のコンピューターの性能では自我をもつ可能性はないので、コンピューターの暴走が最も危険で考慮しておく必要のある事柄です。特に危険なのは「自分（コンピューター）を守る」という設定をコンピューターが与えられた場合です。これは人間や動物のもつ自己防衛本能に相当します。ハルも自己防衛のためにボーマン船長を殺そうとしました。

人間同士の喧嘩《けんか》、部族や国家の衝突から始まる戦争を見れば明らかなように、すべての争いは「防衛」のために引き起こされます。侵略や攻撃という意図が明確な場合ですら「防衛」を口実にして戦争が始められます。コンピューターおよびコンピューターによって制御される機器に「自己防衛」という機能をもたせたときに何が起きるのか。

エネルギーを利用できる装置に自己防衛機能をもたせるべきではありません。誤動作の危険が常にあるからです。

人類絶滅後、次の知的生命はいつ生まれるか

「猿の惑星」（一九六八年公開、アメリカ、フランクリン・J・シャフナー監督）は、猿の特殊メイクでも話題になり、世界中で大ヒットしたシリーズで、この作品は全五作のうちの第一作です。

宇宙飛行士を乗せた宇宙船は何らかのトラブルで、ある惑星に不時着します。その惑星は、言葉を話す、地球のサルに似た知的生命によって支配されていました。不時着した宇宙船の船長テイラーはサルたちに捕まってしまいます。テイラーを逃がして助けたのは、その惑星の知的生命であるチンパンジーの獣医ジーラ博士でした。テイラーはサルたちの禁断の場所にジーラ博士とともに逃げ込みますが、そこでテイラーは予想もしなかった「人類の運命」を見つけます。

テイラーが不時着した惑星は未来の地球でした。地球人類は絶滅し、進化して知的生命体となったサルが地球を支配していました。

前述したように、動物の進化は数万年、数十万年の時間を費やして起きるので、知的生物がそう簡単に進化して誕生することはありません。地球人類が絶滅したとしても、サル

が数千年で知的生命に進化するとは考えられません。また、サルの中のさまざまな種類（チンパンジー、ゴリラ、オランウータンなど）がいっぺんに知的生命に進化することもまずないでしょう。

ただし、人間の科学者がもし知的活動に必要な遺伝子を見つけ出したならば話は別です。その遺伝子を遺伝子操作でサルたちに組み込むことによって、サルたちの進化を加速することができるかもしれません。

「猿の惑星」の続編の一つでは、ヒトの科学者がサルのさまざまな種類を遺伝子操作し、教育し、知的水準を上げる研究を行っています。もし、これらの遺伝子操作されたチンパンジー、ゴリラ、オランウータンなど多種のサルたちが、人類が絶滅したあとに繁栄を始めたのであれば、さまざまな種類の知的生命となったサルたちが支配する世界が数千年でできあがる可能性はあります。

地球の環境が全破壊された未来

「サイレント・ランニング」（一九七二年公開、アメリカ、ダグラス・トランブル監督）は、一九七〇年代の環境破壊に対する人類の目覚めを強く繁栄した映画です。

舞台は、地球の環境がすべて破壊された未来です。地球の生態系を保存するための「バイオトープ」を作製して、木星付近に設置する計画が進んでいます。バイオトープというのは、長期間にわたって動植物が閉鎖系で生命を維持できるようにした施設のことです。バイオトープを管理する主人公フリーマン・ローウェルは、バイオトープの破壊を地球から命令されます。しかし、バイオトープを破壊したくないローウェルは、バイオトープの破壊を実行しようとする同僚三人を殺害して、バイオトープごと逃亡を図ります。

地球の環境が破壊されたとき、地球の動植物を待避させる「ノアの方舟《はこぶね》」計画は、映画でしばしば採用される考え方です。実際に地球の環境が破壊されたらどうするか。

地球の環境を破壊するのは人類の活動だけではありません。海流の変動による寒冷化や、突然の火山活動の勃発《ぼっぱつ》、日本列島の沈没、とてつもなく大きな台風、隕石《いんせき》の衝突など、多くの原因で地球環境が破壊される可能性があります。

しかし実はこれら自然活動の大部分は、地球環境を破壊する可能性はまったくないか、ほとんどありません。海流の変動による寒冷化は、実際にそれが起こりうる海流の変化が想定できません。中緯度地域が寒冷化するためには、北極海からの海流が促進されるか、赤道域からの海流が止まらないといけませんが、いずれも起きそうもありません。地球温暖化の促進は、北極海と大西洋、太平洋をつなぐ海峡、例えばベーリング海峡が閉じてしまった場合にはありえます。とは言っても、現時点でベーリング海峡が閉じる可能性はありません。突然、火山活動が開始する可能性も、海の中での火山島の誕生、昭和新山《しょうわしんざん》の誕生などの現象は知られていますが、これらはすでにある地熱地帯での活動です。それ以外で突然大規模な火山活動が始まることはまずありません。地球史的には、スーパープルームとよばれるマグマの巨大な塊がマントルから上昇して、まったく新しい火山活動が開始するということはありますが、これは数一〇〇〇万年、数億年に一度という現象で、現在はその気配はありません。

日本列島が沈没することはないのでしょうか。日本列島に限らず、陸を構成する地殻はマントルの上に浮いています。マントルの上をプレートが移動すると陸地は移動します。プレートが沈み込むときに、列島が多少引きずられることはあります。しかし地下深く陸地全体が引きずり込まれることはありません。陸地を構成する岩石はマントルに比べて軽いからです。

隕石が衝突する可能性は否定できません。実際、今から六六〇〇万年前に巨大隕石が地球に衝突して恐竜絶滅を引き起こしました。このような大型の隕石衝突がどれくらいの頻度で起きるかはわかっていません。これまで、生命の大量絶滅は五回以上起きていますが、これらの中で隕石衝突の証拠がはっきりとわかったのは中生代《ちゅうせいだい》末期の恐竜絶滅を引き起こした大量絶滅だけです。

隕石による大量絶滅は八億年前にも起きたかもしれませんが、これを合わせても二回だけです。したがって、大量絶滅を起こすほどの隕石衝突は数億年に一度と考えられます。またアメリカの天体観測所では、衝突する可能性のある隕石を観測して常に監視しています。今のところ大きな隕石が衝突する可能性はありません。

大きな台風や竜巻は実際に起きていて、地球温暖化でこれから頻度が高く発生する可能性はあります。これらに対する準備はしておく必要があります。そう考えると、今一番心配しないといけないのは地球温暖化とそれに関連した環境悪化といえそうです。

地球温暖化とさまざまな環境の悪化によって地球の動植物が絶滅を続けています。温暖化ガスの排出による気候変動は、明らかに人間の活動によって引き起こされています。動植物絶滅の原因に関してはわかっていないことも多いのですが、農地の拡大による森林やジャングルの破壊、人が住む地域の都市化と大気の汚染、アフリカでのジャングルの減少と砂漠の拡大などがよく知られている原因です。

一番心配なのは、温暖化が進むと加速的な温暖化が起きてしまう可能性です。温暖化によってカナダ北部やアラスカの永久凍土《とうど》の融解が始まっています。永久凍土の中には過去の植物が分解してできたメタンが閉じ込められています。メタンは二酸化炭素の二八倍も強力な温暖化ガスです。温暖化によって永久凍土が溶け、メタンガスが放出される。メタンガスによってさらに温暖化が進む。この繰り返しで、加速的に温暖化が進行する可能性があります。加速化が始まる前に温暖化を止める必要があります。

この本に書いたさまざまな事柄の中で本当に起きる可能性があって、その中でも最も恐ろしいのが、（核戦争の勃発を除くと）このメタンガス放出の自己加速化による地球温暖化の可能性です。

「自己」の意味を考えるための思考実験

「ウエストワールド」（一九七三年公開、アメリカ、マイケル・クライトン監督）は、ＳＦ作家マイケル・クライトンの初監督作品です。

一九五五年にアメリカのロサンゼルス近郊から始まったディズニーランドは次々と新しい企画を生み出し、アドベンチャーランド、ファンタジーランド、トゥモローランドなど、さまざまなテーマの世界をつくり出しています。それにヒントを得て、アメリカの西部開拓時代を再現した世界がウエストワールドです。

ただし、「ウエストワールド」のテーマは、実際のディズニーランドとは違って少しダークです。ウエストワールドでは各種のヒト型ロボットが稼働していて、人間に危害を加えないように設計され、中央制御室のコンピューターに従って演技をします。

そこを訪れたゲストは、さまざまな冒険を楽しむことができます。例えば、ガンマンや保安官になってロボットを相手に実弾で銃撃戦をすることができます。現実に行えば重大な犯罪となることも、ゲストは行うことができます。ロボットがゲストに危害を加えることはないはずでしたが、ロボットの制御システムが故障して、ゲストに攻撃を仕掛けます。

二〇一六年から始まった同名の連続テレビドラマ（日本ではＤＶＤやBlu-ray《ブルーレイ》で入手可能）では、ロボットは高度化して有機物で合成され、脳や記憶をもつアンドロイドとなっています。演技するアンドロイドと人間との見分けはつきません。ゲストを相手に演技をするロボットの、演技の記憶は毎回消され、次の演技のための人工的な記憶が植え付けられます。テーマパークの創始者ロバート・フォード博士は、ロボットたちの運命に矛盾を感じます。フォード博士がロボットたちの設定を変更することで、ロボットたちの反乱が始まります。

テレビドラマでは、植え付けられた記憶をもとに演技するロボットの意識が「人工」と言い切れるのかという課題を投げかけます。そしてロボットの視線で話が進みます。ロボットの視線で見るならば、植え付けられた記憶は自分の記憶です。自分たちがウエストワールドに閉じ込められている存在だと気がついたロボットたちは、ウエストワールドからの脱出を試みます。

人間の記憶をコンピューターに移植したとき、そこに自己あるいは自我が誕生することはないのか。あるいは、コンピューターに移植された記憶がもつ情報と、人間の脳に記憶されている情報とで本質的な差はあるのか。「自己」の意味を考える材料となる思考実験といっていいでしょう。

コンピューターの進歩によってその能力が人間の頭脳の能力を超えることが近い未来に起きることが予測されています。その時点は「シンギュラリティ」（技術的特異点）とよばれています。

実際、人工知能とよばれる計算機プログラムは、以前のプログラムとはかなり異なる計算方法を採用しています。今までの計算機プログラムでは、ある入力データに基づいて行う計算は予めプログラムとして書かれています。それに対して、人工知能とよばれる計算方法では、たくさんのデータを読み込ませてプログラムに学習させます。人工知能はたくさんのデータとそれが引き起こす現象との関係性を自分で探し出すように設計されています。

そうこうしているうちに、突然、コンピューターが自我に目覚めることはないのでしょうか。

人工知能もこれまでのコンピューターとは違って人間が計算方法を入力しないというだけです。人工知能といっても、人間がもつ自己認識や自意識とはまったく別物です。計算機の性能が上がっただけで、単純に自己や自意識が芽生えることはありえません。

これに対して、多くのデータを記憶してその中の関係性を自分で探索し、さらに判断して行動するように設計されたロボットの行動、そして人間の行動や意識、自意識という哲学的な課題に踏み込もうとしている作品が「ウエストワールド」のテレビシリーズです。

その怖さの本質は、人間の本質を学習する過程で人間のもつ怖い側面がさまざまな局面で現れるということにあります。突き詰めていうと、人間にとって最も怖いのは人間であるという通奏低音《つうそうていおん》がありそうです。

もっともそれを防いで人間を守ろうとするのも人間のはずです。ロボットが自動で動くとき暴走をどう抑えるか、今後のロボット開発で十分注意する必要がある項目であることは確かです。

「ジェダイの騎士」のような能力は可能か

「スター・ウォーズ」（一九七七年公開、アメリカ、ジョージ・ルーカス監督）は、九部からなる宇宙大河ドラマです。三代にわたる主人公はいずれもフォースの能力をもって生まれ、それぞれのきっかけでフォースの力に目覚めます。フォースとはForce、すなわち「力」の超能力化概念です。フォースをもち正しい訓練を受けた者は、「ジェダイの騎士」とよばれる認定超能力者となります。

フォースはいくつかの能力を総合した力です。フォースによって自分の周囲に存在する自然の力を使って念動力《ねんどうりょく》（念ずることでものを動かす）が可能になったり、他人の心理を操作することができます。

能力は生まれつき備わった能力ですが、正しい訓練を受けることで、その能力を正しく使うことができるようになります。訓練を受けてジェダイ評議会で承認されると、はれてジェダイの騎士となります。

フォースは穏やかな感情で正しく使えばフォースの光明《こうみょう》面が現れますが、怒りや憎しみで使うとフォースの暗黒面へ引きずり込まれることになります。銀河帝国はフォースの暗黒面を操《あやつ》る歴代の支配者「シス」たちによって支配されています。

「スター・ウォーズ」はフォースの暗黒面「シス」たちに支配された銀河帝国と、銀河帝国に対抗する同盟軍との戦いの歴史です。同盟軍に協力するジェダイの騎士たちは英雄として戦局打開に活躍します。

「スター・ウォーズ」の作者は、フォースを何らかの比喩《ひゆ》と捉えられることは否定しています。あえて、勝手な解釈をこころみると、フォースは「科学力」を超能力化した概念といえるかもしれません。

フォースは、自然の原理を利用し、自然から莫大な力を得ることを可能にします。その力をいい方向に使えばいいのですが、怒りや嫉妬、支配欲などの暗黒面にとらわれるとフォースは威力を増しますが、巨大な被害をもたらすことになります。科学の場合にも、その利用によって大きな力を得ることができますが、その暗黒面が核兵器に代表される科学技術の悪用に現れることはいうまでもありません。

ジェダイの騎士に限らず、X－MEN《エックスメン》など超能力をもつヒーローやヒロインの話は事欠きません。人は自分の能力の不足、自分の置かれた立場への不満を解消することを夢見て、自分を助ける英雄に憧《あこが》れ、その登場を期待するのでしょう。あるいは自分がそのような超能力をもつことを夢想するのかもしれません。しかし残念ながらどのような超能力も、現存する人間はもちろん、どのような人類を想定してもあまり実現しそうにはありません。

まず念動力ですが、ものを動かすためには相互作用が必要です。通常我々がものを動かす場合には、身体の一部（手か脚、頭、胴体）を動かす対象に接触させて機械的に対象物に力を加えます。もちろん相互作用を起こすためには直接接触する必要はありません。一番簡単には、空気を吹き付ければ対象に力を加えることはできるので、吹いたり、手や脚を使ってうちわなどの道具で風を起こせば軽い物を吹き飛ばすことはできます。

電磁気力があれば電荷《でんか》を帯びた物質や磁気をもつ物質を動かすこともできます。リニアモーターカーがその実例で、磁力で車体を浮揚《ふよう》させ、接触することなく磁界で前方に駆動《くどう》させることができます。さらに、重力も非接触で対象に力を及ぼすことができます。

さて、重力は質量に比例します。人間サイズの物体のおよぼす重力はとても小さいので、ものを動かすことはできません。地球という非常に質量の大きな物体があった場合に人がやっと数十キログラムほどの力を受けるだけです。

電磁気力はどうでしょう？　人間の細胞の膜には電位があり、イオンの流れとして電流が流れています。神経活動は、ナトリウムイオンとカリウムイオンの流れで引き起こされた電流による信号が伝達される活動です。とはいっても、その電圧はせいぜい〇・一ボルトです。それをたくさん集めればいいのではないか。確かにその通りです。電気ウナギは神経活動と同じような仕組みでイオンの流れを起こします。電気ウナギはその電流の方向を揃《そろ》えることで、数百ボルトもの電圧を引き起こすことができます。

人間も同じようにイオンの流れを起こすことはできますが、それを同方向に揃える器官をもっていないので、数百ボルトの電圧を引き起こすことはできません。なによりも、かりに数百ボルトの電圧を引き起こしても、動かそうとする対象が電気か磁気を帯びていない場合には、相手を電磁気力で動かすことはできません。自分自身で数百ボルトの電圧を出せたとしても一般には相手を動かすことはできないのです。

念じるだけで相手を動かす念動力というのは、夢のような話です。

もし相手を動かしたいのだったら、手や脚を使った方がよっぽど効率的です。人の身体はそのために有効につくられています。訓練をつめば、何枚もの瓦や板を手で割ることができるようになります。訓練を積んだ柔道家や武闘家は相手を投げることができます。念じて相手を動かそうとするのはあきらめて、身体を鍛えることにしましょう。もっとも、これも相手の意思に反して行うと暴力となりますので薦《すす》めません。

相手の思いや考えを操作する心理操作のほうはどうでしょう。こちらは、エネルギーをさほど必要としません。ヒトの身体は視覚、聴覚、嗅覚《きゅうかく》、触覚などからさまざまな刺激を受け入れるので、これらの刺激を他者に与えて他者の考えや感情を操作することは可能です。しかも、ヒトの身体は外からの刺激を受容して増幅する仕組みをもっているので、心理操作に必要なエネルギーは多くありません。とりわけ一〇代後半から結婚前までの男女はこれらの能力が高く、身振りや目の動き（目配せ）、小さな話し声（ささやき）、香水、手や唇での接触によって相手を操ることは日常的に行われています。

年を取るとこの能力は次第に衰えていきますが、代わりに「見返り」とよばれる報酬によって相手を操作することが頻繁に（多くの国で歴史的に賄賂《わいろ》が減っていることを考えると低開発段階で）行われています。「見返り」は金銭で行われる場合が多いのですが、「昇進」や「特別待遇」といった形で行われる場合も少なくありません。

すなわち、現存人類でも心理操作の能力をもっていて、しばしば使われています。ただしこれも、先進国では犯罪となる場合が多いので、人を自分の都合で動かそうとする場合には大変注意が必要です。

同じゲノム＝同じ人格ではない

「スター・ウォーズ」ではクローン兵士を作製する惑星カミーノが登場します。きわめて有能な兵士のクローンを生産する「工場」です。クローンというと、本当に同じ人格の人ができるように思う人もいると思いますが、そうではありません。

クローンとは、まったく同じ遺伝子の総体（ゲノムといいます）をもつ生き物のことを指しています。最初の哺乳類クローンは、ヒツジで誕生しました。クローンをつくるためには、まずヒツジの細胞核を受精卵に注入してそれを仮親《かりおや》ヒツジの子宮に戻します。核を操作された受精卵は仮親の子宮の中で、もとのヒツジと同じゲノムをもつヒツジに成長します。やがて仮親からそのヒツジが誕生します。

核の操作や、受精卵を子宮に戻して成長させる技術はどのような生物でも成功しているわけではありません。したがって今のところ、クローン作成ができる生物種は限られていますが、その種類の数は今後どんどん増えていくことでしょう。

もっとも、人間にはクローンがすでに多数誕生していて、すでに多くの人間のクローンが、我々の社会に紛《まぎ》れ込んでいます。

といっても別に驚く必要はありません。人間のクローンというのはふたごのことです。人間のふたごの中でも一卵性双生児は互いにまったく同じゲノムをもっています。したがって、一卵性双生児はクローンといっていいわけです。ふたごはとてもよく似ていて、性格も似ていますが、ふたごの二人が同じ人格というわけではありません。ふたごの片方AさんはふたごのもうBさんとはまったく別の人です。まったく同じゲノムといっても同じ人格ではない、まったくの別の人なのです。

惑星カミーノで製造されるクローンは、賞金稼ぎのジャンゴ・フェットのゲノムを用いています。ジャンゴ・フェットは賞金稼ぎですが、きわめて高い戦闘能力と知能をもっています。製造されたクローンはジャンゴ・フェットとまったく同じ顔と姿かたち、非常に高い戦闘能力をもっています。

クローン兵士たちは、クローン技術で製造されたあと、教育を施されてそれぞれ別人格のクローン兵士として成長します。配属された部隊でもそれぞれの別々の任務をこなしています。

「スター・ウォーズ」は、クローンに対する非常に正確な知識で製作されています。クローンはゲノムがまったく同じで、顔や姿かたち、体型、潜在的能力は同じです。しかし、一卵性双生児と同じように、個々のクローン個体の人格はそれぞれ別です。栄養状態や運動、訓練で身体の体格や筋力は大きく変わります。教育や経験、人生によって考え方も変わるはずです。「スター・ウォーズ」では、こうして製造された多数のクローン兵士が戦争に参加します。

偽の記憶

「ブレードランナー」（一九八二年公開、アメリカ／香港、リドリー・スコット監督）には、人造人間の中でも、ほとんど人間に近いヒューマノイド「レプリカント」が登場します。レプリカントには、製造者によって過去の記憶も植え付けられています。レプリカントは自分がレプリカントかどうかを知らない場合もあります。そのレプリカントは、過去の記憶をもつ人間だと自分では思っているのです。

現存する人間を「複製」したのがクローンですが、レプリカントも「複製したもの」という意味です。ところが「ブレードランナー」のレプリカントは、現存する個人を複製するわけではなく、新しい「個人」として作製されています。レプリカントには個人の過去の記憶が植え付けられますが、その記憶は製造者の目的に沿うように人工的につくられた記憶、つまり偽物《にせもの》の記憶です。

現実の世界では、クローン作製そのものは、すでにヒツジなどの動物で成功していることは前述しました。クローン作製のためには、まず受精卵の核を取り除き、代わりにクローンにする個体の細胞核を植え付けます。その受精卵を培養したのちに仮親の子宮に移植します。仮親の子宮で育ったクローンはやがて、仮親から誕生します。

これらの技術一つ一つはヒトでも可能な技術ですが、クローンは双子の片割れが誕生するだけです。大人の個人の細胞をもとにクローンを作製するのであれば、親と子の年の差のふたごが誕生することになります。まったく自分と同じ遺伝子（ゲノム）をもつ子供が誕生すると思ってもいいです。自分の子供のころにとってもよく似ているが、まったく別の個人が誕生するだけの話です。

「ブレードランナー」では偽の記憶を植え付けられたレプリカントが、「個人」として製造されます。我々人類の大人でも、六歳以前の記憶は曖昧《あいまい》です。本当に経験した事実と、あとでだれかから聞いた事柄、写真でみた映像が渾然一体《こんぜんいったい》となって記憶として認知されます。

薬剤によって精神状態を不安定にして、疑似体験を映像などで植え付けることはある程度は可能かもしれません。レプリカントはもし作製しようとすればできない技術ではないでしょう。ただし現在は、倫理上の問題から、ヒトのクローンの作製は禁止されています。

ロボットの自己防衛機能がもたらすもの

「ターミネーター」（一九八四年公開、アメリカ、ジェームズ・キャメロン監督）の「ターミネーター」は「終わらせる」という意味です。人類をターミネート、終わらせるために開発された暗殺マシンが「ターミネーター」です。

暗殺マシン「ターミネーター」はアンドロイドで、その外見は完全にヒトの形をしています。その結果、ターミネーターはヒトの社会に紛《まぎ》れ込むことができます。

未来の世界では、インターネット「スカイネット」が世界のすべてを支配しています。スカイネットは戦闘用の航空機ドローン、大型の航空攻撃機、陸上戦闘装置を使って、人類の絶滅を目指した戦いを進めています。

人類はスカイネットの熾烈《しれつ》な攻撃に耐えて戦っています。人類を率いるリーダーがジョン・コナーです。英雄ジョン・コナーがいなければ人類はとっくに絶滅していたはずです。ジョン・コナーが生まれなければ、スカイネットにとって人類との戦いはずっと楽だったはずです。そこでスカイネットはジョン・コナーの母親の暗殺を計画します。スカイネットは、殺人用に開発したアンドロイド「ターミネーター」を、ジョン・コナーの母親暗殺のために、タイムマシンで過去に送り込みます。

ターミネーターの標的は、のちにジョン・コナーの母親になるはずの未婚の女性サラ・コナーです。未来から送り込まれたターミネーターは、標的サラ・コナーとその恋人カイル・リースの必死の反撃によって破壊されます。生き延びることのできたサラ・コナーは無事にジョン・コナーを産み、ジョン・コナーに軍事知識を教えて、将来の軍事指導者に育てます。なお、第二作目では、子供時代のジョン・コナーを抹殺《まっさつ》するためのターミネーターが送り込まれます。

スカイネットが支配する未来の世界では、インターネットに接続されたコンピューターネットワークが意思をもっています。意思をもったコンピューターネットワークの総体であるスカイネットは、陸上や空中での殺人機械（ドローン）を操作します。それだけでなく、スカイネットは殺人機械の改良を次々と行い、性能を向上させて大量生産します。スカイネットが機械社会のすべてを支配しているわけです。

コンピューターが勝手に自意識や自己防衛機能をもち始めることがあるでしょうか。まず、人間の自己防衛本能がどのように獲得されたのかを見てみましょう。人間や動物のもつ自己防衛本能は進化の過程で獲得されたものです。

動物は、痛みを感じて脚を引っ込め、飛《と》び退《の》きます。捕食者《ほしょくしゃ》や強力な敵と遭遇しないように常に周囲を観察し、遭遇すれば全力で逃げ出します。逃げる場所を失えば最後の手段で、反撃に出ます。こうした行動様式は本能とよばれています。

危険回避の本能を獲得した個体は、もたない個体に比べて、より高い生存と繁殖の可能性をもつことになります。本能をもつ個体が自然選択によって選ばれた結果、自己防衛本能をもつ動物や人間が誕生したわけです。つまり、自己防衛本能は、その本能をもつ個体のほうがもたない個体に比べ、より生存する可能性が高くなり、自然選択の結果、獲得された性質といえます。

コンピューターにはそもそも、コンピューター間の生存競争はありません。あるのは、コンピューター生産者の開発方針と開発計画、販売計画だけです。どのような性能をもつコンピューターが消費者に必要とされ、好まれるかということをもとに開発方針と開発計画が立てられ、コンピューターが開発されます。そこに、コンピューターの自己防衛機能が入る余地はありません。

かりに、自己防衛本能をもたされたコンピューターを搭載したロボットが売り出されたとして、消費者は購入するでしょうか？　危険きわまりないロボットを購入する人はいません。実際、アメリカの作家アイザック・アシモフの提案したロボット工学の三原則は、次のとおりです。

第一条　ロボットは人間に危害を加えてはならない。また、その危険を看過することによって、人間に危害を及ぼしてはならない。

第二条　ロボットは人間にあたえられた命令に服従しなければならない。ただし、あたえられた命令が、第一条に反する場合は、この限りではない。

第三条　ロボットは、前掲第一条および第二条に反するおそれのないかぎり、自己をまもらなければならない。

——『われはロボット　決定版』（アイザック・アシモフ、小尾芙佐訳、ハヤカワ文庫ＳＦ）

つまり、ロボットは自己防衛できますが、あくまで人間に危害をあたえず、人間の命令に反しない場合に限りという条件がつけられています。

ただし、例外があります。現在、公然とあるいは秘密裏《ひみつり》に開発が進んでいる戦闘用ロボットです。戦闘用ロボットの性能としては、攻撃能力のほかに自己防御能力があるはずです。すでに自己防衛機能がもたされたロボットもあるのではないかと推察されます。

こうして、自己防御、攻撃機能をもったロボットを生産するシステム全体が暴走し、意思をもち始めたのがスカイネットです。繰り返しになりますが、コンピューターネットワークが自分自身で意思をもつことはあり得ません。それでもヒトが自己防衛と攻撃の意思をコンピューターにもたせることは可能です。その暴走がないとはいえません。

国連では現在、自動ロボットを用いて戦争をする際のルールづくりをしています。戦争のルールというと怒る人もいるかもしれません。それはもっともです。戦争そのものが悪だという立場からすれば、戦争のルールをつくるなどと言えば戦争を肯定するように見えるからです。

しかし、第二次世界大戦が終わったあとも、世界で戦争のない時期はありませんでした。第二次世界大戦で起きた無差別殺戮《さつりく》、非戦闘員の殺害を犯罪とし、人道に対する罪として裁くルールがつくられました。いわば戦争で行ってはいけないことを国際条約として決めているわけです。例えば、化学生物兵器、無差別に民間人を殺戮するクラスター爆弾などは、その製造と使用を禁止する条約が制定されています。

同じように、悪ではあっても戦闘用のロボットが従うべきルールをつくろうという活動が国連で行われています。

夢は人工的に提供できるか

「トータル・リコール」（一九九〇年公開、アメリカ、ポール・バーホーベン監督）は、フィリップ・K・ディックが一九六六年に発表した短編小説『追憶売ります』が原作です。

人間は寝ているあいだに（人によっては起きているあいだも）夢を見ます。寝ている間に、あたかも実際に経験したかのごとく、「楽しい体験」をするという「架空の体験」の提供が、「トータル・リコール」では商売となっています。この人工的に提供された夢での体験と、実際に起きるできごとの区別がつかなくなるという混乱を使って「トータル・リコール」の物語は進行します。

日ごろの夢で、現実とは異なる夢を見ることはよくあります。寝ているあいだに夢で体験するという想定は、人工的に起きてもよさそうに思えます。しかし映画で行われたように、なにか想定したプログラムにしたがって、だれかの脳に働きかけて実際に体験させるというような方法は思いつきません。

視覚神経に電極を接続して映像を見ることは可能になっています。この方法を利用すれば、覚醒《かくせい》しているあいだでもあたかも現実に見えているかのごとく視覚的に見えるようにすることは可能です。これは視覚障害者が視力をとりもどす技術として成功しつつあるすばらしい技術です。しかし、仮想現実を経験する方法として意味があるでしょうか。

視覚的に見えているようにするだけであれば、バーチャルリアリティ（ＶＲ）、仮想現実として、ゴーグルに装着した表示装置を使って映像として体験させることで可能ですし、これで十分です。必要であれば、椅子《いす》を動かして加速度を感じ、身体に取り付けた素子《そし》から感触を伝えるほうがより容易に実現できるでしょう。ディズニーランドにも似た企画があります。

寝ているあいだに仮想現実を見るためには、視覚ではなく、得られた画像を認知して理解するより高次の脳活動を制御する必要があります。その自由な制御方法は、はるかに難しく、それが開発されるためにはまだだいぶ時間がかかりそうです。

アーノルド・シュワルツェネッガーが演じる主人公のダグラス・クエイドは、仮想体験を売るリコール社に行き、火星での諜報《ちょうほう》活動員を体験したいと申し込みます。しかし、クエイドは自分がかつて現実世界で実際に諜報活動員であったことを知ります。さらに自分が以前に火星で活動していたことも知ることとなります。

テラフォーミングには一〇〇年必要

「トータル・リコール」のストーリーには、火星での酸素発生による「テラフォーミング」が組み込まれています。テラフォーミングというのは、地球（テラ）を作製する（フォーミング）という意味で、惑星の大気組成を変えて地球と同じような組成にして、惑星を人類が居住可能な環境に変えようというプロジェクトのことです。

現在の火星の大気は希薄で〇・〇〇七気圧、主成分は二酸化炭素であり酸素はほとんど含まれていません。したがって、火星大気中で人間は生きていられませんが、火星の北極と南極、高緯度地方の地下には大量の氷があるので、氷を溶かして水をつくり、さらに水を分解すれば火星大気の酸素濃度を上げることが可能です。

クエイドは「五〇万年前にエイリアンがつくったリアクターが火星にはあり、それを使って酸素をつくり出せるが、採掘企業による火星支配の邪魔になるため世間には伏せられている」ことを知ります。

その装置を見つけ出したクエイドは、それを動かそうとしますが、稼働を妨害する採掘企業総督コーヘイゲンと争いになります。二人が争うさなか、爆弾によって火星大気との隔壁が破壊されて、コーヘイゲンは火星大気に吸い出されて死亡します。クエイドも吸い出されるのですが、その直前にリアクターの作動スイッチを押すことに成功し、火星大気中の酸素濃度の増加で命が助かります。

テラフォーミングの一つの方法として火星の温度を上げるという方法があります。温暖化ガスを大量に大気に放出すれば、現在平均マイナス五〇度の気温を大きく上昇させることもできます。火星の温度上昇の実現のためには低濃度で温暖化効果の高いフロンなどの温暖化ガスの利用が提案されています。しかし、酸素濃度を上げるにしても、温度を上昇させるにしても、これらの作業には膨大な装置と時間が必要です。居住可能環境を実現するためには一〇〇年もの時間が必要と計算されています。

「トータル・リコール」でもかなり大型の装置が登場しますが、数分でのテラフォーミングは無理です。リアクターの作動装置を押すことに成功したとしても酸素濃度が上昇する速度は微々たるものです。酸素濃度上昇装置によって、火星大気酸素濃度の上昇を起こしても、大変残念ながら主人公クエイドを助けることはできません。

義体の実現は近い

「GHOST IN THE SHELL／攻殻機動隊」（一九九五年、日本、押井守監督）は、世界的にヒットした日本のアニメーション映画です。その後に製作された「マトリックス」などさまざまなＳＦ映画に影響を与えました［図⑲］。

舞台は近未来。人々は身体の一部をさまざまな人工機械に置き換えるようになっています。身体の一部を置き換える人工機械は「義体」とよばれています。主人公草薙素子《くさなぎもとこ》は脳神経系以外の全身を高性能義体化したサイボーグです。

現実の世界でも、すでにさまざまな人工物が医療で使われています。人工心臓や人工血管、差し歯やインプラント、人工関節などは、通常の医療行為のなかで使われています。体外で用いる装置では、人工心肺装置（ＥＣＭＯ《エクモ》）があります。この装置は新型コロナウイルス感染症で重い肺炎を起こして呼吸困難となった重症患者の延命装置として利用されました。血液の透析を行う人工透析装置は腎臓機能の代替装置です。

視覚障害を受けた人に対して、カメラで撮像した画像を視神経に直接伝達することで視

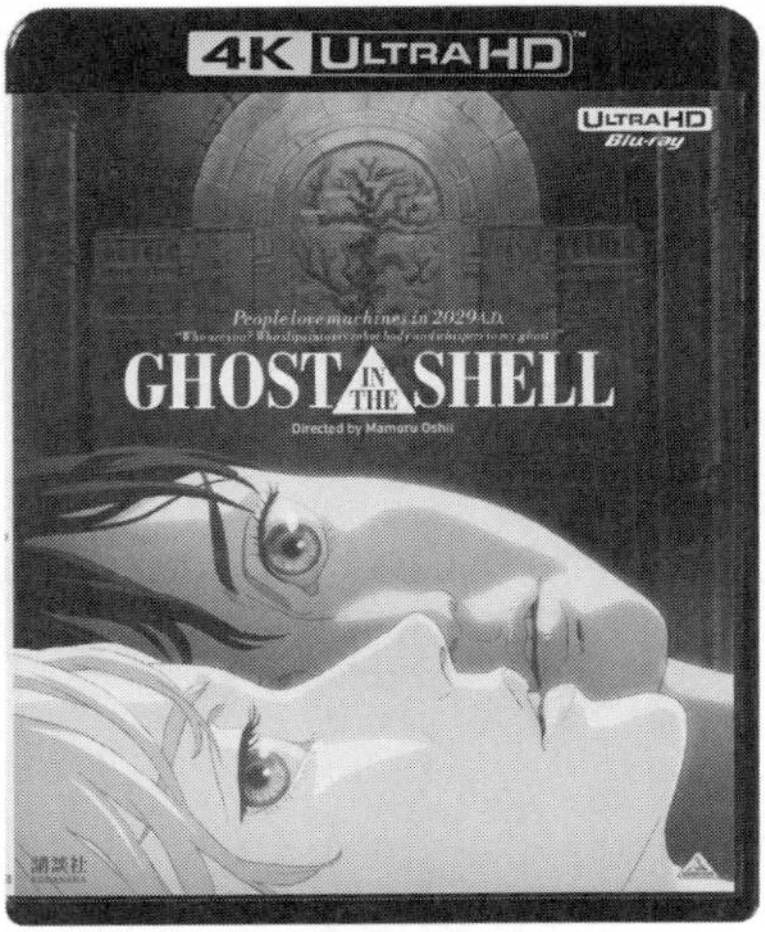

図⓳　「GHOST IN THE SHELL/攻殻機動隊」（1995年日本公開、日本、押井守監督）は劇場用アニメ作品。原作は士郎正宗作の漫画『攻殻機動隊』（1991年、講談社）。写真は4Kリマスターセットのパッケージ（発売元：バンダイナムコフィルムワークス・講談社・MANGA ENTERTAINMENT、2018年発売）

覚を復活する研究が行われています。まだ画素数は数十と非常に粗《あら》いですが、視覚を失った人がこの技術で画像が見えるようになりました。今後、解像度も上がってもっとよく見えるようになるはずです。聴覚が失われた人に対しては、脳に埋め込んだ電極を通じて音の信号を伝える技術が実現しています。

筋肉の置き換えはまだ行われていませんが、重量作業をする人の動作を補助する機械は、介護などの現場で利用されていることはすでに述べました。脚や手を失った人の残された神経末端から信号を得てあたかも本物のように動く、義足や義手も開発されています。また我々現代人の大部分は、スマートフォンを片手に通信を行うとともに、必要な検索を行っています。スマートフォンの機能を身体に埋め込んで直接脳神経と接続すれば「攻殻機動隊」の電脳が実現することになります。つまり人工義体は現在進行中の技術の延長線上にあります。「攻殻機動隊」に登場する人工義体は今後自然に実現していくでしょう。

疑似人格をもったロボットが現れる日

「攻殻機動隊」のもう一つのテーマは、電脳すなわちインターネット中で自我を維持できるかどうか、という疑問です。コンピューターの中に自然に自我が誕生する可能性は低いのですが、ヒトのもつ経験や知識をすべてコンピューターに移植したとき、そこには自我が誕生するのではないでしょうか。ヒトの自我や自意識が神経系の中にある自己の経験と知識によって形づくられたのであれば、だれかの経験と知識をすべてコンピューターに移植することによって、自我が誕生してもいいわけです。

「攻殻機動隊」には「タチコマ」とよばれる歩行型戦車が登場します。タチコマは戦闘員一人を収納して高速で移動可能な戦車です。タチコマには人工知能で疑似人格が与えられていますが、タチコマの制御用コンピューターから、その疑似人格をネット上に移植することも可能です。

タチコマは複数台製造され、それぞれ別々の任務をこなすなかで別々の経験を積んでいくことになります。別々の経験を積んだ個々のタチコマがやがて別の特性すなわち「人格」を発揮し始めます。

さて、これはすぐには否定できない可能性です。この場合には、実在するヒトの人格、知識、経験を読み取るという作業は不要です。タチコマの知識、経験は、すべて最初からデータとして設定するからです。やがて、個別の経験（データ蓄積）によって疑似「人格」をもったロボットは現れる可能性があります。

地球から一〇〇光年なら電波検出が可能に

「コンタクト」（一九九七年公開、アメリカ、ロバート・ゼメキス監督）は、天文学者でＳＦ作家のカール・セーガンによるＳＦ小説の映画化です。カール・セーガンはアストロバイオロジーの分野で、いくつもの先駆的研究成果を生みました。

主人公のエリーは地球外知的生命体からの信号を電波望遠鏡で探査する研究を行っていました。研究成果が上がらず、政府の研究資金は打ち切られてしまいます。エリーは大富豪の資金援助を受けて探査を継続していたある日、ついに地球外生命体からのものと思われる信号を受信しました。

信号の解読に成功すると、送られてきた信号が意味するのは移動装置の設計図のようでした。設計図に書かれた装置の動作機構は不明ですが、機能の詳細は不明のまま装置は製造されました。

装置が実際に稼働することになり、エリーはテストパイロットとして装置に乗り込みます。装置はワームホールと思われる場所を通過して地球外惑星に到着しました。そこでエリーは父親を見つけました。地球外生命がエリーの父親の姿を借りてエリーに語りかけてきました。

エリーは、その後無事に地球に帰還しますが、「装置は地球から移動したようには見えず、装置は装置が固定された場所から海へ落下しただけで、それもほんの数秒のできごとだった」ことを知らされます。

現実世界の知的生命探査は、一九六〇年代から民間の資金援助を受けてアメリカ政府機関が実施しています。「コンタクト」では先方の地球外生命体が地球に向けて情報、移動機械の設計図を送信してきました。しかし、地球外知的生命体がこのように積極的に地球に向けて情報を送信するかどうかは先方の知的生命体の考え方次第で、送信してくるという保証はありません。

先方からの信号を受信するという初期の計画はその点を批判されました。初期の活動は地球外生命との「交信」を目指す（Communication with Extra-Terrestrial Intelligence）研究でＣＥＴＩ《セチ》と略称されました。

これに対して、地球外生命が十分に技術文明を発達させたならば、きっとその惑星で電波を用いた通信を利用しているはずだという考えに基づく探査が現在行われています。現在進められている地球外生命探査は、地球外知的生命の生活用の電波を検出しようという探査です。こちらは、地球外知的生命体「探査」という意味の英語を略してＳＥＴＩ《セチ》

(Search for Extra-Terrestrial Intelligence: 地球外知的生命体探査) 計画とよばれています（第三章でも触れました）。

両方とも日本語では「セチ計画」となり、区別はつきませんが、現在のセチ計画は地球外知的生命体が日常使う電波を探査します。したがって、相手の知的生命の意思にかかわらず探すことができる、というのが特徴です。

地球人類が通信手段として電波を用いるようになってから一〇〇年ほどが経過しました。現在、地球からはラジオ、テレビ、携帯電話に用いられる電波が宇宙に漏れ出ています。これらの電波よりもはるかに強い電波を、飛行機が計器飛行する際の誘導で用いています。

地球外知的生命が地球人類と同じように電波を通信手段として用いるならば、それらを検出しようという計画が、現在行われているセチ計画です。

現在、ＳＫＡ《エスケーエー》（Square Kilometre Array）という電波望遠鏡の製造配置計画が進んでいます。ＳＫＡ計画では、電波を受信するパラボラアンテナの面積の合計が一平方キロメートルにもなる多数の電波望遠鏡を建設する計画です。観測する電波の波長が少し異なるパラボラアンテナを南アフリカとオーストラリアの二つの場所に建設する計画です。ＳＫＡはいくつかの科学的研究の目的に利用され、その一つが地球外知的生命探査セチです。

ＳＫＡ計画が完成すると、地球から一〇〇光年以内にある惑星から放たれる飛行機誘導ビーコンの電波が検出可能となります。もし、その範囲内にある天体に現在も電波を用いている知的生命がいるならば、発見されるかもしれません。

課題を突き付けてくるＳＦ映画の金字塔

「マトリックス」（一九九九年、アメリカ、ラナ＆リリー・ウォシャウスキー監督）で想定される未来の世界では、人類は機械に支配されています。人類は、背中にソケットをつけて装置につながれ、電力源として培養された状態で生存しています。つながれた人間の神経にコンピューターが働きかけ、人々はコンピューターの中につくられた架空の世界「マトリックス」で生活していると思い込まされています。

しかし、そこから覚醒した人々が集団で抵抗運動を始めました。覚醒した人々は地下基地「ザイオン」で生活しています。ザイオンは機械に発見されてしまいますが、ザイオンの人々は船をつくり、機械軍と戦って機械軍の侵攻を防いでいます。

人を電力源として使うというのは、非現実的です。ヒトを電力源として使おうとすると、電力のもととなる栄養素を人に与える必要があります。人の神経での発電はたかだか

○・一ボルトです。直列並列に神経をつなぐことで電力を高めることができますが、人の神経も筋肉も電力を高めるような器官をもっていません。

筋肉は力を出すための器官であり神経は情報伝達の器官です。神経も筋肉も発電の効率はよくありません。電力を得ることを目的として食料を人に与えるのは効率的とは思えません。電力は現在利用されているもっと別の方法、物理的方法で得るほうがよほど効率的です。

一方、人の神経を機械につないで仮想現実を見せておくというのは、人を「管理」するということが主目的と思われます。人は機械につながれているのですが、神経接続で仮想現実を見せられています。仮想現実の中では、現代の地球での生活とそっくりの生活を続けていると思い込まされています。この仮想現実の世界がマトリックスです。

現実にソケットで人をつないで、仮想現実を見せるということは今後も起きないでしょう。ところが、フェイク映像を見せて、大衆の考えを操作しようというのは、現実に各国、いくつかの政治勢力によってすでに行われているようです。この映画はそれを予知していたともいえます。

機械の束縛から逃れた「覚醒者」は、マトリックスの世界に戦士を送り込みます。マトリックスの支配者は戦士を抹殺すべく、黒服黒めがねの男たちで迎え撃ちます。マトリックスの世界に侵入した「覚醒者」と、黒服黒めがねの男たちの戦いは仮想現実なので、プログラム次第で何でもありです。

プログラムを書くのは我々の世界ではもちろん人間のプログラマーです。マトリックスの世界では、プログラムが擬人化した状態で登場します。三部作最後の場面では、機械社会を統率すると思われる支配者が擬人化した形態で登場します。

コンピューターが自律的に自分でプログラムを作製するというシステムは空想的には存在しますが、現実にそれを実現することはそう簡単とは思えません。かりに自律的に創造されるプログラムがあったとして、それをプログラムするのは人間以外にありえません。その作製者（人間）のプログラムにしたがって、それ以降の計算（プログラム）は進行するはずです。したがって、すべてのことは創造主（人間のプログラマー）の思《おぼ》し召《め》しで進行するほかありません。その後にプログラムが「自発的」あるいは「自動的」に自分自身のプログラムを書き換えていくということはありえません。

生命の場合には、生命活動を制御する「プログラム」の作製と改変は遺伝子の突然変異と自然選択によって進行しています。これによって、より生存環境に適応した生物種が誕生して繁栄していくというのが自然選択の仕組み、つまりダーウィンが見つけた生命進化の仕組みです。

プログラムで同じことを実現しようとした場合、自然選択をどのように実現するのかが大問題になります。もし仮想空間で仮想的に選択をしようとすると、その「仮想選択の仕組みを書いたプログラム」にしたがって進化することになります。実際このような「仮想選択の仕組みを書いたプログラム」はすでに作製され、生物進化の研究に利用されていま す。ただし、この仮想社会では、仮想生物が「仮想選択の仕組みを書いたプログラム」を設計したプログラマーの意図にしたがって進化するだけの話です。プログラムが自分で自分のプログラムを書き換えるというのではありません。

もし、本当に機械社会でプログラムの自然選択を実現しようとすれば、機械を設計して製作して、さらに機械製造過程を設計して製作して、こうした過程全体の成否をほかのシステムとの競争によって自然選択するというようなシステムが必要になります。

機械製作のための材料の入手もプログラムが行う必要があります。プログラムすべてがこの自然選択の仕組みの中に組み込まれている必要があります。空想をすることはできますが、数百年ほどの近い将来には実現できるようには思えません。

ありえないストーリーなのですが、マトリックスは、コンピューターの中での疑似世界、疑似世界の中での人格の存在、個人の知覚と現実の関係など、さまざまな疑似世界のもたらす課題を現実的に突きつけた最先端の映像サイエンスフィクションです。ＳＦ映画の金字塔といえるシリーズ三部作です。二〇二一年に四作目も製作されました。

さらに付け加えれば、マトリックスの世界は空想ですが、プログラムの誤動作あるいは人間が組み込んだ「機械自己防衛」による機械社会が人間社会を襲ってくるという危険は現実的にありえます。

心配すべきは、戦闘用ドローンの暴走、あるいはもっと危険なのは人間による戦闘システムの悪用です。この危険はすでに現実のものになっていると思ったほうがいいでしょう。各国での殺人ドローンの軍事研究は公然と進行しています。人間にとって最も危険なのは人間自身でしょう。

やがて実現する未来

「オデッセイ」（二〇一五年公開、アメリカ、リドリー・スコット監督）は、アメリカのＳＦ作家アンディ・ウィアーの『火星の人』を原作とした映画です。

火星に一年間（地球の二年間）滞在するために、宇宙飛行士のチームが火星に到着しました。滞在のための準備をしていたところ、非常に強い砂嵐が起きました。主人公の宇宙飛行士マーク・ワトニーは砂嵐で吹き飛ばされてしまいます。帰還用のロケットも転倒しそうになります。チームは火星滞在を断念して、火星を脱出することを緊急決定します。チームはマークが死亡したと判断して彼を置いて火星を脱出しますが、マークは奇跡的に生存していました。マークは、砂嵐でけがをしましたが、自分自身で応急処置を行い、生き残ったのです。彼は砂嵐で壊れた基地を修理して、食糧生産を始めて生き延びようとします。ところが、二年間生き延びるのは困難であることがわかります。そこでマークは何とか地球と連絡を取り、火星からの生還を試みようとします。

マークは、不可能にも見える困難をさまざまなアイデアで乗り越えていきます。物語がドラマティックに展開し、ドキドキして大変楽しめるＳＦです。

一方、火星のことを詳しく知ると少し非現実的な点もいくつかあります。その一番重大な問題点は、火星の大気圧です。火星の大気圧は大変低く、地球の〇・七パーセント程度しかありません。大気圧が低いということは大気が薄いということです。

火星では火星全球を覆うほどの大きな砂嵐や、局所的な竜巻が起きることは観測されています。ところが大気圧が低く大気が薄いので、砂嵐や竜巻が起きても人を吹き飛ばすほどの風圧にはなりません。宇宙飛行士マークが砂嵐で吹き飛ばされることはありません。帰還用のロケットが風で倒れることもなさそうです。したがって、火星を緊急脱出する必要もないので、物語の前提が壊れてしまいます。

嵐によって滞在用のドームのドアが風で破壊されて、それをビニールとダクトテープで修理する場面があります。気密ドームを修理するのは、火星の大気圧が低いと大変難しい作業になります。

滞在用ドームの中をかりに一気圧に保つとすると、ドームの外側との圧力差はほぼ一気圧になります。一気圧の圧力差があると、一平方センチメートルあたり約一キログラムの力がかかります。一メートル四方のドアには一〇トンもの力がかかるので、ビニールとダクトテープで修理するのは不可能です。予備のドアを予め準備しておく必要があるということです。予備のドアがない場合にはドームのドアが壊れたら、ドームの中を一気圧に保つことはあきらめましょう。ドームでの食糧生産はできません。もっとも、砂嵐でドームのドアが壊れることはないので、あまり心配しなくていいでしょう。

現在、民間による宇宙開発が急速に進められています。地上から高度一〇〇キロメートル以上の宇宙空間にまで上昇して地上に帰る弾道飛行は、民間会社によって実施されています。一〇〇キロメートル以上の上空では大気がほとんどなくなり、空は黒くなります。弾道飛行によって無重力になります。

民間人の地球周回宇宙旅行もすでに実現しています。これらの宇宙旅行は民間のベンチャー企業によって開発された低価格ロケットによって実施されています。月への旅行と滞在、火星への旅行と滞在を目指した民間での開発も進んでいます。

一方、アメリカ、欧州、日本の宇宙機関によって火星への有人飛行と滞在計画の検討が進んでいます。民間が先になるか宇宙機関が先になるかは不明ですが、今から一〇年から二〇年後には火星への有人飛行が実現すると予想されています。つまり、オデッセイで想定されている物語は、やがて実現する未来といえるでしょう。

一五世紀中頃から一七世紀中頃、ヨーロッパ人はアフリカ、アメリカ、アジアに進出して植民地をつくりました。この時代は大航海時代とよばれています。二一世紀、月や火星への旅行と滞在を目指す時代がきています。二一世紀は宇宙への大航海時代と言われる時代になるかもしれません。多くのＳＦ作品もそれを先取りしていると言えます。

あとがき

最後に読者のみなさんに、すこしお詫《わ》びをしておく必要があります。それは、この本で「あまりありそうもない」といったことでも、起こる可能性があります。もちろん、その逆も大いにあるでしょう。怖い予想に関しては、もちろん起こらないことを願っていますが。

科学とは、これまでに得られた実験結果に基づいてわかっていることをまとめた知識です。今わかっていることよりもはるかに多くのことが、一〇年後、一〇〇年後にわかるでしょう。場合によっては、それまでの知識が、間違っていたとわかることもあります。「実験結果から事実に迫ることができる」ということを科学者は信じています。とはいっても、それは現在の知識（科学者の理解）を無条件に信じているということではありません。そこが、一般の人が「何かを信じる」ということとは違っています。新しい実験結果に基づいて、必要であればそれまでの考え方を変えるのが科学です。つまり、この本に書かれたことは、現時点で推測されたこと（しかも私の知識の限りで）と理解しておいてください。

本書の編集担当、上月晴絵さんから本書の執筆依頼を受けたとき、最初はそれほど乗り気ではありませんでした。地球外生命はまだ見つかっていませんし、本当にいるかどうかはだれにもわかりません。いわんや、地球外生命がどんな格好をしているかなど、現在の科学的知識からはほとんどわかりません。

上月さんと相談をしていくうち、私の趣味であるサイエンスフィクションをもう一つの材料にすることにしました。サイエンスフィクションをきっかけとすれば、作家や映画監督の想像力を頼りにすることができます。サイエンスフィクションで描かれていることのうち、どこまでがありそうで、どんなことはあまりありそうもないのかを解説できそうな気がしたからです。その結果、未来に対する大胆な推測に踏み込むことができました。今ではこの本を書くきっかけとチャンスをくれた上月さんと松戸さち子さんに大変感謝しています。

イラストを担当してくれた一秒さんには、ほんわかした本文の解説図と表紙絵を描いてもらいました。どちらかというと固くなりがちな科学的内容が、このイラストでとても親しみやすくなりました。ありがとうございます。

この本で事実として書いている事柄については、私の知識の限りを尽くしているつもりですが、私の専門である分子生物学からはかなりはみ出している内容もあります。参考にした本もありますが、大部分はこれまで参加した学会や研究会で他分野の専門家から聞いた内容と、それぞれの専門家の書いた解説から理解したことです。間違っていることもあるかもしれませんが、それは私の理解不足によっています。もうしわけありません。

この本では、単に結論を書くのではなく、いろいろな可能性の検討をできる限り書くようにしました。科学は、「あーでもない、こうでもない」とさまざまな可能性を検討しながら進んでいきます。「あーでもない、こうでもない」といろいろ考えるプロセスを楽しんでください。「あーでもない、こうでもない」と考える科学の一面に触れることができるでしょう。

「あーでもない、こうでもない」といろいろ考えることこそが、思考実験の過程です。思考実験を行うことで、将来の危機対応能力が高くなるはずです。この本が「あーでもない、こうでもない」という考え方に読者のみなさんが触れるきっかけになれば、私にとっても最高の喜びです。

二〇二二年一〇月

山《やま》岸《ぎし》明《あき》彦《ひこ》

参考にしたおもな図書

刊行年順，サイエンスフィクションを除く

『ウォーレス現代生物学（上・下）』R. A. ウォーレス他，石川統他訳，東京化学同人，1991～1992

Colbert's Evolution of the Vertebrates: A History of the Backboned Animals Through Time, 5th ed., Edwin H. Colbert, Michael Morales, Eli C. Minkoff, Wiley-Liss, 2001

『細胞の分子生物学　第5版』ブルース・アルバーツ他，中村桂子・松原謙一監訳，ニュートンプレス，2010

『宇宙生物学入門——惑星・生命・文明の起源』P. ウルムシュナイダー，須藤靖他訳，丸善出版，2012

『アストロバイオロジー——宇宙に生命の起源を求めて』山岸明彦編，化学同人，2013

『宇宙生命論』海部宣男・星元紀・丸山茂徳編，東京大学出版会，2015

『人工知能は人間を超えるか　ディープラーニングの先にあるもの』松尾豊，KADOKAWA，2015

『サピエンス全史——文明の構造と人類の幸福（上・下）』ユヴァル・ノア・ハラリ，柴田裕之訳，河出書房新社，2016

『科学者18人にお尋ねします。宇宙には、だれかいますか？』佐藤勝彦監修，縣秀彦編，河出書房新社，2017

Astrobiology: From the Origins of Life to the Search for Extraterrestrial Intelligence, Akihiko Yamagishi, Takeshi Kakegawa, Tomohiro Usui, Springer, 2019

「生命の起源に関してわかっていること：私の研究史　山岸明彦」『Viva Origino』49巻2号，生命の起原および進化学会，2021

〔本文写真提供〕
アイ・ヴィー・シー
バンダイナムコフィルムワークス

［著者略歴］
分子生物学者、理学博士、東京薬科大学名誉教授。1953年、福井県に生まれる。東京大学大学院理学系研究科博士課程を修了。主な研究分野は極限環境生物、アストロバイオロジー、生命の起源と進化。ISS-JEM（国際宇宙ステーション・日本実験棟）で、宇宙生物学に関する実験研究プロジェクト「たんぽぽ計画」の代表を務めた。著書に、『生命はいつ、どこで、どのように生まれたのか』（集英社インターナショナル）、『基礎講義 遺伝子工学Ⅰ』（東京化学同人）、『アストロバイオロジー』（丸善出版）、共著に『対論！ 生命誕生の謎』（集英社インターナショナル）などがある。

まだ見《み》ぬ地《ち》球《きゅう》外《がい》生《せい》命《めい》
分《ぶん》子《し》生《せい》物《ぶつ》学《がく》者《しゃ》がいざなう可《か》能《のう》性《せい》の世《せ》界《かい》

著者　山《やま》岸《ぎし》明《あき》彦《ひこ》

2022年 11 月22日　第1刷発行

装丁　木下 悠
装画＋本文イラスト　一秒
発行者　松戸さち子
発行所　株式会社dZERO
https://dze.ro/
千葉県千葉市若葉区都賀1-2-5-301 〒264-0025
TEL: 043-376-7396 FAX: 043-231-7067
Email: info@dze.ro

本文DTP　株式会社トライ
印刷・製本　モリモト印刷株式会社

978-4-907623-56-2

dZEROの好評既刊

細谷功

具体と抽象

世界が変わって見える知性のしくみ

人間の知性を支える頭脳的活動を「具体」と「抽象」という視点から読み解く。新進気鋭の漫画家による四コマギャグ漫画付き。

本体 1800円

野村亮太

舞台と客席の近接学

ライブを支配する距離の法則

認知科学によって「舞台」と「客席」の意味を再定義し、「客の盛り上がり」と「距離」の関係を検証。オンライン配信も含めた次世代エンターテインメントの創出につなげる一考察。

本体 1800円

川村秀憲
大塚凱

ＡＩ研究者と俳人

人はなぜ俳句を詠むのか

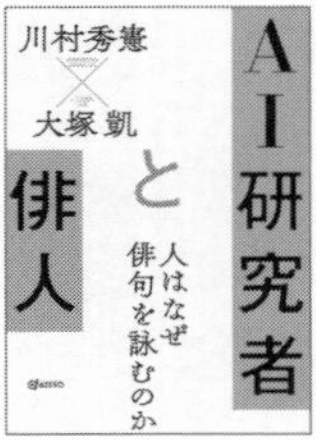

ＡＩ研究者にとっては根源的問いの答えに近づくため、若い俳人とっては知の営みが解明されることへの興味。「ＡＩ一茶くん」の生みの親と、気鋭の若手俳人が旅する「知能の深淵」。

本体 1900円

定価は本体価格です。消費税が別途加算されます。本体価格は変更することがあります。